别在吃苦的年纪选择安逸

▼景天 著

江西教育出版社
JIANGXI EDUCATION PUBLISHING HOUSE

图书在版编目（CIP）数据

别在吃苦的年纪选择安逸 / 景天著. -- 南昌 : 江西教育出版社, 2016.7
ISBN 978-7-5392-8901-4

Ⅰ. ①别… Ⅱ. ①景… Ⅲ. ①成功心理－青年读物 Ⅳ. ①B848.4-49

中国版本图书馆 CIP 数据核字 (2016) 第 182902 号

别在吃苦的年纪选择安逸
BIEZAICHIKUDENIANJIXUANZEANYI
景天 / 著

江西教育出版社出版
（南昌市抚河北路 291 号　邮编：330008）
各地新华书店经销
河北鹏润印刷有限公司印刷
880mm×1230mm　32 开本　10 印张
2016 年 8 月第 1 版　2017 年 6 月第 3 次印刷
ISBN 978-7-5392-8901-4
定价：35.00 元

赣教版图书如有印制质量问题，请向我社调换　电话：0791-86710427
投稿邮箱：JXJYCBS@163.com　电话：0791-86705643
网址：http://www.jxeph.com

赣版权登字 -02-2016-426

前　言

很多人羡慕成功人士的无限风光，甚至有人偷偷地想，马云要是自己的爸爸就好了。

你曾经这样想过吗？这样想的时候，你的年龄是多大？15岁？20岁？25岁？30岁？

你还那么年轻，在那么耀眼的年纪里，你不去冒险，不去拼一份奖学金，不去挑战工作中的未知，不去为梦想打拼。你一边刷着微信朋友圈，逛着淘宝网，打着瞌睡，一边梦想着一毕业就进知名的大企业，刚入公司就升职。梦想着一创业就拿到融资，一拿到融资就奔着上市去。梦想着要什么有什么，不缺钱，不缺爱，安享生命的岁月静好。

但凭什么？凭什么不付出一丝一毫，你想要的，生活就应该捧在你面前呢？

当初，马云创办海博翻译社的时候，根本入不敷出。为了维持生存，马云通过贩卖内衣、礼品、医药等小商品，自己四处跑推销，受尽了屈辱，吃了很多苦头。整整3年，翻译社就靠着马云推销这些杂货来维持生存。

后来，马云创办阿里巴巴的时候，仍然相当艰难。外出办事基本都是靠走，很少打出租车。据说有一次，大伙出去买东西，东西很多，实在没办法了，只好打出租车。大家在马路上向出租车招手，来了一辆桑塔纳牌轿车，他们就摆手不坐，一直等到来了一辆夏利牌轿车，他们才坐上去，因为夏利牌轿车每公里的费用比桑塔纳牌轿车便宜2元钱。

我们看到了成功人士光鲜亮丽的一面，却不知道他们在成功之前，有多久夜夜挑灯苦战，每天只睡两三个小时？有多少次摔倒在泥土里，甚至让别人从自己的身体上踩过去？又遭遇了多少白眼，吃了多少闭门羹？

当你寻寻觅觅一份高薪稳定、又不要加班的工作时，要知道，“从来没有一种工作叫钱多、事少、离家近”。付出多少，才会获得多少。那些成功人士是炼成的，但不是一日炼成的。

当你抱怨自己没有一个富爸爸时，要知道，“这个时代不需要拼爹拼妈，拼的是真才实学”。法国经济学家Raul Amoros统计了不同国家首富的资金来源，发现靠“拼爹”当上的首富跟“拼才华”白手起家的首富比基本是1∶1。也就是说，如果你没有一个富爸爸，你依然有机会靠自己的才华去赢得你想要的财富。

当你重复在单调的日子里却将梦想遗失时，要知道，梦想还是要有的，万一实现了呢？你是不是认为，小时候的梦想，简直有点异想天开，听起来是那么可笑。长大后的梦想，每天被柴米油盐侵蚀，失去了该有的光泽。你早已不对梦想抱有希望了吗？如果你根本就没有去努力争取过，又怎么知道梦想不能实现呢？

当你抱怨大形势不好，生意难做时，要知道，“生意从来就没有好做过”。任何一个时代，做生意都像是在没有路的荆棘丛林里开辟出一条路，起早贪黑，担惊受怕，忙了一年却颗粒无收甚至血本无归。马云认为，说生意好做的人基本是吹牛。任何时代做生意都要冒风险，都要付出巨大的脑力、心力和体力……一夜暴富成名的事基本上是电视剧里的故事。好生意都是需要时间和心血积累打造的。花大量时间和精力未必生意会好，但不花时间和精力是肯定不会有好生意的！

当你在坚持的道路上东张西望什么时候才能到达终点的时候，要知道，成功的路上会有无数障碍和困难，只要有一个问题不解决，就很可能前功尽弃。浮躁不仅会让人急功近利，而且容易使人走向迷途。

青春是一个人一生当中最美好的一段时光，也是决定一个人未来发展的关键几年。如果你选择安逸 10 年，未来你只好用辛苦 50 年来偿还。如果你辛苦打拼 10 年，收获的一定是未来 50 年的幸福。

2015 年 11 月，多少人羡慕的草根英雄马云如是说："我愿散尽财富换青春。"

最珍贵的从来不是财富而是时间。千万别在最能吃苦的年纪，选择了安逸。趁你现在年轻，有激情，有魄力，有失败的资本，放手搏一把，让人生从此与众不同。

目 录
contents

第一章
向死而生，苦才是人生真谛

世事无常，未来难以预料........................ 002
为什么你满满都是负能量........................ 007
人生没有过不去的坎儿........................ 010
忍是一种策略，而不是怯懦........................ 013
每个成功的人都有一段异常难熬的时光........................ 019
好的坏的，成就今天无比坚强的自己........................ 022

第二章
该奋斗的年龄，不要葬在了安逸

所有的奋斗努力，都有意义........................ 026
世界上没有卖后悔药的地方........................ 030
不要辜负你的大好时光........................ 034
安逸的舒适区其实更加危险........................ 038
舍弃短暂的安逸，翘望明天的辉煌........................ 042

挣脱束缚，跳出内心的困境........................047
你想要的，终将盛装降临........................051
改变不了糟糕的昨天，却能改变今天和明天............054

第三章
别人嘲笑的不是你的梦想，而是你的实力

趁年轻，为梦想拼一拼........................058
今天流的汗是你明天流的泪........................062
如果不曾努力，凭什么要求结果........................066
迷茫只是才华撑不起梦想........................070
用实力让梦想成真........................074
起飞前，先得准备好一双翅膀........................077
梦想不是梦，也不仅仅只是想想而已........................080
为了过上想象中的生活，你做过什么呢........................082
不图虚名，只求实学........................086

第四章
你荒废的时间会有多少人用来拼命

时间都去哪儿了........................090
假如明天是生命中的最后一天........................095
谁都愿意和准时的人做朋友........................098

你可以停下脚步，但时间不会等你........................ 102
活在“一个完全独立的今天里”........................ 106
从平凡变超凡，只有一万小时的距离........................ 111
开始全力以赴的旅程........................ 114
选择“太多”还是无法选择........................ 118
反省自身，不要等别人来善待你的时间........................ 122

第五章
改变，永远都不会太晚

没有什么来不及，时光因你而美好........................ 126
任何年龄都能开启梦想模式，只要你愿意........................ 131
方向比努力更重要........................ 135
认识自己，发现自己........................ 140
正确地对待缺憾........................ 143
不会分享的人注定是一个孤独者........................ 146
成全自己，让生命更圆满........................ 150

第六章
仰望星空，在孤独中成长

在孤独中成长........................ 154
越是平淡的日子，越要沉下心修炼........................ 157

沉默是金............................163
在等待中积蓄力量............................166
学会独处，建构自己的心灵避难所............................169
静下心来，过自在人生............................172

第七章
人生有多残酷，我们就该有多坚强

你是人见人捏的“软柿子”吗............................176
不改初心，也不能没有原则............................179
永远不要沦为食物链最底端............................183
下一秒再努力 =N 秒不努力............................186
需要一点毅力............................189
走得困难就对了，说明你正在走上坡路............................195
除了努力，你还能做什么............................199

第八章
按自己的意愿过下去

生活是自己的，永远不按别人的意志生活............................204
公司是老板的，假期是自己的............................209
流着眼泪努力奔跑，跑着跑着就笑了............................212
遭遇过什么并不重要，学会了什么才最重要............................217

在挫折中奔跑，在淬火中重生……………………… 221
尝尽人生百态，活出一种姿态……………………… 225
不管世界是否残暴，你曾经如此温柔……………… 228

第九章
不用足够好，也能微笑着面对一切

98% 的问题都是自己造成的……………………… 232
不用足够好，也能微笑着面对一切………………… 236
让我看看你充满热情的样子………………………… 240
豁达一点，收起敏感的玻璃心……………………… 244
不是每一次努力都会有收获，但每一次收获必定要努力.. 247
每一个败笔，都是一种成熟………………………… 251
你需要的不是倾诉，而是倾听……………………… 255
生命其实就是一个疗伤的过程……………………… 258

第十章
安全感，从来只有自己才给得了

每个人心里都住着一个小孩………………………… 262
安全感只能自己给自己……………………………… 266
靠山山倒，靠人人倒，靠自己最好………………… 270
感情既是铠甲，亦是软肋…………………………… 273

慢慢来，学会放慢自己的心情........................ 276
世界很精彩，不要为金钱所累........................ 279

第十一章
留不住青春，却能做最好的自己

遇到对的人之前，成为更好的自己.................... 284
你想要的，只能自己去争取.......................... 288
风不能把阳光打败，就像挫折无法摧毁一个坚强的人.... 292
不盲目和别人攀比.................................. 296
不自卑，静下心走自己的路.......................... 300
敬那些逝去的日子和逝去的人........................ 304

别在
吃苦的年纪
选择安逸

第一章

向死而生，苦才是人生真谛

每个年轻人在走向成熟的过程中，

总要经历一段辛苦和沉默的日子。

这段日子可能是 1 年，

也可能是 3 ～ 5 年。毕竟，要想不辛苦一辈子，总要辛苦一阵子。

世事无常，未来难以预料

有朋友问我，你会一直待在北京吗？

我思索半天，叹了一口气说：“我不知道。”

也许今天我还在北京，也许明天我就会因为各种原因离开。

谁知道呢？未来难以预料。

相信也有不少人有着像我一样的感慨，比如，上个月和朋友吃饭的地方现在在修地铁；上周这里是一家服装店，这周就改成了沙县小吃；长了几十年的梧桐树忽然在某一天就被移植走了；昨天见他身体健康，今天就只能在医院见他最后一面了……可是，我们一边感叹世事无常的时候，一边却在透支健康，透支生命，透支信用卡……“吸烟族”“酗酒族”“飙车族”“月光族”在我们的身边屡见不鲜，他们明知道抽烟、喝酒对身体不好，明知道飙车的危害性，明知道要节俭，要为长远考虑，可是他们做不到。

泰戈尔写过：

世界上最远的距离

是鱼与飞鸟的距离

一个在天

一个却深潜海底

而我要说，世界上最远的距离，是世事无常的距离。今天你光鲜亮丽，明天就蓬头垢面；今天你事业有成，家庭美满，明天就家破人亡……我不是危言耸听，而是我知道世人最大的毛病，就是没有无常观。

一次，佛陀带着几位侍者出行。当时正午当头，天气闷热，佛陀只觉口渴难耐，就吩咐侍者阿难："我们不久前曾跨过一条小溪，你回去帮我取些水来。"

阿难回头找到了那条小溪，但小溪实在太小了，一些车子经过之后，溪水之中留下了很多泥沙，如今变得混浊不堪，水不能喝了。阿难回去告诉佛陀："那小溪的水已变得很脏，不能喝了，我知道有一条河离这里只有几里路，让我去那里为您取水吧。"

佛陀说："不，你回到小溪那里。"

阿难表面遵从，但内心并不服气，他认为时间并不会改变水质，只是浪费自己的时间让自己白跑一趟。他走到那里，发现水比刚才清澈了一些，但还残留许多泥沙，仍旧不能喝。于是，他又跑回来说："您为什么要坚持？"

佛陀并不解释，只是坚持说："你再去。"

无奈的阿难只好遵从。

当他再到溪边的时候，发现溪水已经像路过的时候那么清澈了，那些泥沙已经沉到了溪底。阿难笑了，快步取水回来，拜在佛陀脚下说："您给我上了伟大的一课，无论是林中的小溪还是生命中的河流，没有什么东西是永恒的。"

溪水变混浊也只是一时，随着时间的流逝，它慢慢淘净泥沙，自然再次恢复了清澈。人们如果只看到眼前的微小变化，那么就无法把握事物的整体，因此着眼于全体与时俱进地实施才是上佳之策。

人生无常。很多人天真地以为"有一天过一天，没什么不好""灾难应该不会降临在我身上""想那么多干什么，困难不是还没来临吗"。可他们忘记了，所有的好的坏的事情，并非自己想的那样缓慢而有规律。

老子有云："祸兮福之所倚，福兮祸之所伏。"世上没有绝对的祸，也没有绝对的福，二者互相依存，互相转化。也就是说，在我们眼里的坏事有可能变成好结果，而好事也有可能演变成一个坏结果。庄子言："安危相易，祸福相生。"更是明白地告诉我们，安定与危难是可以互相转化的，灾祸和幸福也是可以互为因果的。

英国工程师阿瑟，原本预定了法国航空的某一航班，因满员便转乘 AF447 航班，可没想到，AF447 航班成了死神之路，工程师阿瑟这一走，再也没回来。荷兰人史蒂芬，原本想预定的返程航班就是AF447，可因为朋友的劝阻，他最终放弃了这趟航班……

或许有人会感慨，这不就是命吗？不！这是世事无常。谁能保证天气总是晴空万里？谁又能保证飞机不会出现任何的小故障呢？没人能保证！同样地道理，谁也无法保证你的人生，你所能依靠的只能是你自己。

苏轼说：“人有悲欢离合，月有阴晴圆缺。”这就是无常的规律。作家三毛也曾说：“人生的聚散本来在乎一念之间，死只是进入另一层次的生命，聚散无常也是自然地现象，实在不需太过悲伤。”

莉丝·默里出生在纽约的一个贫民窟，从小就生活在毒品、艾滋、饥饿的恶劣环境中。尽管父母没能“出淤泥而不染”，也染上了毒瘾，但莉丝仍然深爱着他们。由于家境贫困，莉丝总是一副肮脏不堪的模样，头发里总是有甩不掉的虱子，因此，饱受同学的嘲笑和捉弄。15岁那年，她用尽全力维持着已经支离破碎的家。她开始流落街头，捡垃圾，整夜乘坐地铁，只有坐在地铁中，她才能做一个温暖的梦。

没多久，莉丝的母亲因感染艾滋而死，对此，她深受触动。她要改变命运，抓住一切机会！很快，莉丝重返高中，因没有一个良好的生活环境，她只能在地铁站、走廊里学习、睡觉。

在她的努力下，她仅用了2年的时间就完成了4年的课程，获得《纽约时报》一等奖学金，并以优异的成绩进入哈佛大学。

或许是因为莉丝的坦然和感恩，就连美国脱口秀女王奥普拉都被她的故事感动，并为其颁发了“无所畏惧奖”。

在《风雨哈佛路》一书中，莉丝这样说道：“我为什么要觉得可怜？这就是我的生活。我甚至要感谢它，它让我在任何情况下都必须往前走。我没有退路，我只能不停地努力向前走。”

她说得很有道理，没有好的家境，没有好的学习环境，但这也不足以成为自己自暴自弃的理由。正是因为经历过生活的不堪，才要改变生活的不堪，逼迫自己向前行。就像保尔·柯察金曾经说过：“人，最宝贵的是生命，生命对于每个人只有一次，这仅有的一次生命应该怎样度过呢？……”是啊，谁都知道生命的可贵，但是又有多少人真正懂得去善待生命，善待生活呢？

对于这个问题，法国作家加缪有这样的见解：“如果有罪，不是因为你对生命感到绝望，而是因为你把希望寄托在来世，放弃今生无可取代的美好。”

人生之中本身就有无数得失，如果只看到自己失去的部分，却无视未来值得去争取的东西，那么虽然你的生命还没有完结，但是却早已枯竭无力。人生无常，但是我们的思想可以与时俱进。只要你肯向前迈出一步，就会看到意想不到的改变。其实，我们更应该感谢“无常”，正因为有了人生的这些“无常”，我们才能够活在当下，利用当下的每一分、每一秒来决定和转变，充实自己的生命。

为什么你满满都是负能量

打开朋友圈，很多时候，都是满满的负能量，工作环境不如意，事情处理不公平，经济条件不宽裕，期望的事情落空，好心未得好报，受冤枉，挨批评……这些负能量，或直接，或含蓄。实际上，正负一念间，想不开是因为我们把事情看得太重。

孤儿院里有一对好朋友，后来双双被富裕家庭所收养。两个人都上着世界上有名的学校，但他们之后的心态却完全不同：一位是 40 岁出头的成功商人，完全可以退休享受人生；另一位是学校教师，收入低，一直觉得自己很失败。

有一天，他们在寺庙祈福时偶然相遇，便开始诉说这些年的遭遇。商人去过很多地方，他津津有味地诉说着自己周游世界的趣事，而那位学校教师只是一味地诉说自己的不幸：他是一个如何可怜的亚洲孤儿，又如何被领养到遥远的瑞士，他是如何的孤独。

随着他的怨气越来越重，商人终于忍不住制止了他的叙述：

“够了！你说完了没有？！你一直在讲自己有多么不幸，你有没有想过如果你的养父母当初在成百上千个孤儿中挑了别人，你又会怎样？”

学校教师委屈地看着他说：“你不知道，我不开心的根源在于……”接着，他又开始描述自己所遭遇的不公正待遇。

商人摇了摇头说：“真不敢相信，你还在这么想！在我25岁的时候，简直无法忍受周围的世界，我恨周围的每一件事，我恨周围的每一个人，好像所有的人都在和我作对似的。我很伤心无奈，也很沮丧。我那时的想法和你现在的想法一样，我们都有足够的理由抱怨。”

他越说越激动，“我劝你不要再这样对待自己了！想一想你有多幸运，你不必像真正的孤儿那样度过悲惨的一生，实际上你接受了非常好的教育。你负有帮助别人脱离贫困旋涡的责任，而不是找一堆自怨自艾的借口把自己围起来。在我摆脱了顾影自怜，同时意识到自己究竟有多幸运之后，我才获得了现在的成功！”

听完商人这一番慷慨激昂的话语后，教师深受感动。这是第一次有人否定他的想法，打断了他的凄苦回忆，而这一切回忆曾是多么容易引起他人的同情。

商人朋友很清楚地说明他二人在同样地环境下历经挣扎，而不同的是他通过清醒的自我选择，让自己看到了有利的方面，而教师只看到了对自己不利的影响。

有人说：“凡墙都是门。”即使你面前的墙将你封堵得密不透风，你也依然可以把它视作你的一种出路。

“生活不是攀比，幸福源自珍惜”。如果你能有意识地调节自己的注意中心，便会使原先失衡的心理获得一种新的平衡，这种平衡无疑会稳定你的情绪和情感。所谓魔道由心而生，天堂和地狱只在一念之间，定期梳理和内省自己的心灵，才能确保不被心魔所控制，而避免无穷的祸害，不至于害人害己。

不同的心态，对所发生事件的评价是如此的不同，它必然会对处理问题的态度产生影响，也会对今后的人生之路产生影响。活着是需要睿智的。如果你不够睿智，那至少可以豁达。以乐观、豁达、体谅的心态看问题，就会看出事物美好的一面；以悲观、狭隘、苛刻的心态去看问题，你会觉得世界一片灰暗。

两个被关在同一间牢房里的人，透过铁窗看外面的世界，一个看到的是美丽神秘的星空，一个看到的是地上的垃圾和烂泥，这就是区别。

能够想开，我们才能拾起自己的幸福。生于尘世，每个人都不可避免地要经历苦雨凄风，面对艰难困苦，想开了就是天堂，想不开就是地狱。

人生没有过不去的坎儿

还记得自己曾经说过的豪言壮语吗？“没有他，我会活不下去的”“如果不成功，我还不如死了算了”“如果连这点儿事我都做不好，我还能做点儿什么”“生活欺骗了我，我要给它重重的还击”……

结果呢？

没有他你活得好好的，甚至活得更好；你没有成功，可你还在坚持着，渴望成功；某件事你是没有做好，可你并没有因此消沉；生活欺骗了你，你给予了怎么样的还击？你不仅没有还击，还努力继续为生活“服务”。

如今想起这些，是不是已经成为笑谈？是啊，人生没有过不去的坎儿，一切都会过去的。不论你经历了什么，在经历着什么，人生的路总要继续走下去。再深的痛，在过去之时，伤口也会痊愈。

有位青年在一家连锁快餐店当店员，薪金十分微薄，时常囊空如洗。由于没钱买东西，他唯一的乐趣就是在街头闲逛。他已经快30岁了，还一事无成，这在同龄人眼里，是一种很伤自尊的事情。为了躲避一些流言蜚语，为了躲避亲友的逼婚，他选择在异乡继续挣扎。

在一次聚餐中，他坐在老板身边，鼓足勇气诉说了自己的烦恼，并希望老板能够告诉他一些关于致富的秘诀。

“知道吗？很多人都问过我同样地问题。”老板告诉他。

“那他们现在的日子过得怎么样？”

“他们来找我时，穷困潦倒，满腹牢骚，现在每个人都在自己的行业有着一席之地。”

“那么，你跟他们说了什么？”青年激动不已，他实在是想知道答案。

“我告诉他们，一切都会过去的。”

“一切都会过去的？这哪里是什么致富的秘诀？”青年小声说道，他想：是啊，老板怎么会跟我们说这些呢？

“你不相信？”

青年尴尬一笑，没有说话。老板笑了笑说：“其实啊，别在意现在没有的，要多看看自己拥有的财富，然后利用这些拥有的财富让自己重新振作。等你振作起来，日子总会变得好起来。到那时，穷困潦倒不就过去了吗？”

“我哪里有什么财富？”

“我给你10万，你愿意给我一只眼睛吗？”

“不行，没有眼睛怎么可以？”青年干脆回答。

“那么，给你20万，你给我一双手吧！”

“不，双手也不能失去！”青年惊叫道。

“既然有一双眼睛，你就可以学习；既然有一双手，你就可以劳动。现在你知道了吧，你有多么丰厚的财富啊！这就是我的致富秘诀。”老板微笑着说。

青年听了，如梦初醒。他谢了老板，昂首阔步地走了出去，俨然是一位富翁，原来自己有着如此多的财富。

“一切都会过去的”成为他的人生名言，指引着他前进。当遇到难题时，他就会用这句话鼓励自己；当遭受苦痛，他就会用这句话支撑自己。

一年过去了，青年觉得这句话说得真好，他已经从一个小小的店员成长为店长了。他相信，他会有更大的进步，因为一切艰难困苦都会过去的。

在生活中，不乏像这位青年一样的人，他们有着共同的特点：总是等待着成功来敲门，用怀才不遇来麻痹自己。殊不知，不是他们怀才不遇，而是他们不肯迈出双腿。

很多事情，往往如过往云烟一般。我们只有珍惜已经拥有的，才不会让生命留下遗憾。

当我们现在已经明白很多事情都会过去，就应有个正确的人生态度。如果仍坚持认假为真，沉迷不已，那么终究什么也得不到，反倒“一失人身，万劫不复”。过去必然有很多不可得的事物，既然不可得，我们就应学会不再执着。人生除了生死之外都是小事，既然是小事，那就断断没有用小事来折腾自己的理由。只要明白这一点，你就会发现向死而生，虽苦也有乐。

忍是一种策略，而不是怯懦

人生当中，有很多事情需要忍耐；人生当中，有很多话语需要忍住；人生当中，有很多愤怒需要憋住；人生当中，有很多苦楚需要吞下；人生当中，有很多欲望需要节制；人生当中，有很多感情需要回避。我们的一生，几乎每个人都要受到命运之神的捉弄，当你不甘心做命运的奴仆而又未能扼住命运的咽喉之时，忍耐就是最难也是最好的修行。

小王是一个朝气蓬勃的年轻人，他刚从上海某职业学校毕业，之后就应聘到一个海上油田钻井队工作，领班黄师傅是他的顶头上司。

在海上工作的第一天，黄师傅就交给小王一项艰难的任务：要求他随身携带一个包装好的漂亮盒子，在限定的时间内登上几十米高的钻井架，把盒子交给在井架顶层的罗主管。

体格健壮的小王，抱着那个好看的盒子，快步登上了狭窄的、通往井架顶层的舷梯。当他气喘吁吁、满头大汗地登上顶层，把盒子交给罗主管时，罗主管只在盒子上面签下自己的名字，就又让小王及时将盒子送回去给黄师傅。

于是，小王又快步走下舷梯，把盒子交给黄师傅，而黄师傅也同样在盒子上面签下自己的名字，让他再次送给罗主管。

小王有些不耐烦了，他看了看黄师傅："黄师傅，你为什么不在我将盒子送给罗主管之前，签上您的大名呢？这样我不是能少跑一趟吗？"

黄师傅没有看小王一眼，回答："让你送，你就送，快一点，别耽误正事！"

小王虽然心里有些委屈，但是，他犹豫了片刻之后，又转身登上舷梯。当他第二次登上井架的顶层时，已经浑身是汗，两条腿抖得厉害。

罗主管和上次一样，只是在盒子上签下名字，又让他把盒子送下去。小王这时有点沉不住气了："罗主管，为什么还要让我将盒子送回去呢？黄师傅不是已经签过名了吗？顺便提醒您一句：您已经签名两次了！"

罗主管与黄师傅的态度一样，也是没有看小王一眼："让你送，你就送，快一点，别耽误正事！"

小王擦了擦脸上的汗水，转身走下舷梯，把盒子送了下来。可是，这一次，黄师傅还是在签完字以后让他再送上去给罗主管。

小王终于开始感到愤怒了，他感觉自己特窝囊，被领导派来派去的，跟耍猴似的。可是他又有什么办法呢？谁叫自己只是个小工人？他尽力忍着不发作，擦了擦满脸的汗水，抬头看着那已经爬上爬下了数次的舷梯，抱起盒子，步履艰难地往上爬。

当他上到顶层时，浑身上下都被汗水浸透了，汗水顺着脸颊往下淌。这是他第三次把盒子递给罗主管，这时候，罗主管看了看他，慢条斯理地说：“年轻人，还不错，把盒子打开吧。”

小王迫不及待地撕开盒子外面的包装纸，打开盒子，却发现里面是两个玻璃罐：一罐是咖啡，另一罐是咖啡伴侣。他终于无法克制心头的怒火，把愤怒的目光射向罗主管，心里骂道：太过分了，就为这点咖啡，竟然让我跑来跑去，还反复签字，真是受不了！

罗主管似乎没有心思洞察小王的微表情，他继续面无表情地说：“把咖啡给我冲上吧，别忘了加上咖啡伴侣，那样味道会好一些！”

此时，小王再也忍不住了，“啪”的一声把盒子扔在地上，说：“我不干了。”说完，他看看倒在地上的盒子，感到心里痛快了许多，刚才的愤怒发泄了出来。

这时，罗主管站起身来，直视他说：“你可以走了。不过，看在你上来三次的份上，我可以告诉你，刚才让你做的这些事情，有一个专业术语，它的名字叫作‘承受极限训练’。因为我们在海上作业，随时会遇到危险，这就要求队员们有极强的承受力，承受各种危险的考验，只有这样才能成功地完成海上作业任务。很可惜，前面三次你都通过了，只差这最后的一点点，你没有喝到自己冲的甜咖啡，现在，你可以走了。”

听了罗主管的话，小王顿时傻眼了，看样子，他得准备更新简历，重新投递了，这是他走出校园、迈入社会之后的第一堂丰富的人生实践课。

忍耐，大多数时候是痛苦的，因为忍耐压抑了人性。但是，成功往往就是在你忍耐了常人无法承受的痛苦之后，才会出现在你面前，千万不要只差那么一点点就放弃了。很多时候忍耐是痛苦的，但它的结果却是甜蜜的。

曾经看过一个实验：柠檬皮经过充分浸泡之后，它的苦味溶解于茶水之中，将是一种清爽甘甜的味道，但如果想在 3 分钟之内把柠檬的香味全部挤压出来，那样只会把茶搅得很浑，把事情弄得一团糟。生活也是如此，爱更是如此，只要具备足够的包容和耐心，一切将会是另一番模样。

查尔斯是一家电视台的主播，能力突出，做事勤奋，长相帅气。查尔斯白天采访财经新闻，晚上 7 点半播报黄金档新闻。在别人眼中，查尔斯的事业一帆风顺，晋升是迟早的事。可实际上，查尔斯有着自己的烦恼，由于做人不够圆滑，得罪了新闻主管，所以处处受到上司的压制。

一次开会，新闻主管决定不让查尔斯播报黄金档新闻，改播深夜 11 点的直播新闻，在场的人哑口无言，查尔斯更是大吃一惊，他知道这是主管“公报私仇”，他很愤怒，但又不好发生冲突，只好保持镇定，欣然接受。

虽然受到不公正待遇，但是查尔斯从不报怨，反而更加努力，一下班就跑去进修，为了预备夜间新闻的播报工作，他已经很久休息不够了。即便节目在深夜播出，收视率非常低，查尔斯也丝毫没有任何松懈，对每一篇新闻稿都认真对待。

很快，查尔斯的努力有了回报，观众对这个节目好评不断，收视率也提升了不少。台长知道这件事后，批评了新闻主管，亲自下令让查尔斯重新播报黄金档新闻。由于查尔斯的出色工作，他又被评为“全国最受欢迎的电视主播”。

看着查尔斯在事业上越来越好，新闻主管是越来越愤怒，很想找机会给查尔斯难堪。一天，新闻主管故意当众宣布说：“查尔斯是学财经的，让他采访财经新闻容易产生偏见，以后还是让他采访其他新闻吧。”

此时的查尔斯在财经采访上已经小有名气，新闻主管这么做，根本就是故意找茬。他压制住怒火，不想把事情闹大，如果他予以回击，不就正好中了新闻主管的诡计，让自己陷入更大的陷阱吗？于是，他强忍怒气，接受了主管的安排。

一天，上级领导打电话给新闻主管，说：“财经部长后天会来公司参加晚宴，你安排查尔斯过来作陪。”

新闻主管解释说：“查尔斯现在不跑财经线了，要不换别人吧。”

“不行！查尔斯是专家，必须来参加。”面对上级领导的命令，新闻主管只好照办。从此以后，每当有重要的财经界人士来电视台，查尔斯都会作陪，顺便进行专访。

时间一长，观众就给查尔斯定了位，认为他才是财经方面最厉害的人物。被采访过的人，都以被查尔斯采访为荣，而没有被采访的人，都点名指定查尔斯采访。后来，上级领导直接下令：

“凡是跟财经相关的工作，都交给查尔斯处理，其他人都不要参与。”

无奈之下，新闻主管只好将查尔斯“请”回了财经主播的位子。

所谓“忍”字头上一把刀，能忍人所不能忍，才能成人所不能成。正因为查尔斯的“忍”，才让他走得更远。忍，不是让你放弃，不是让你低头，而是让你寻找机会，跳得更远、更高。

当然，忍耐是一种处世策略，并不是怯懦，不是完全地被动退让，而是有意识、有目标地忍耐。不论是谁，在人生中有时总难免身陷困境，如果此时无法改变处于下风的局势，那么最好选择忍耐，在忍耐中等待转机。

每个成功的人都有一段异常难熬的时光

生活中，很多人难免会有挫败感和不适。在平时，我经常会听到各种抱怨，比如，“上班的心和上坟一样沉重”“要是我爸爸是马云就好了”等等。尤其是一些在一线城市工作的朋友，每天基本都是6点多起床，晚上7点～8点到家，吃完饭休息一会儿，基本就到10点多了。好不容易到了周末，唯一的心愿只是宅在家里，睡个懒觉。

忙到没有生活，只剩下了生存，很多人不禁发出这样的疑问：我这么辛苦，值得吗？为什么别人可以过得很舒服？我要不要也换一份轻松的工作？

小亮2006年毕业时，只是一个普通的中专生，当时因为没有一技之长，像很多人一样，被迫做了销售工作。开始时，他因为缺乏目标，在岗位上混了几年，进步非常小。当公司因为效益不好准备将他辞退的时候，他已经毕业5年多了，但是身上的积蓄只有几千块钱。后来因为生活所迫，小亮只能继续找销售类的工作。他当时有两个就业选择：一个是底薪800元，并且要常去另外一个城市出差的医药销售代表；另一个是底薪2000元还有提成的快消行业销售工作。他出人意料地选择了前者。

我也非常好奇为什么他会这么选择，他告诉我，他经历了一个晚上的思考才做出了这个决定。他之所以选择那个底薪800元的工作，是因为相比较传统的快消行业，他更看好医药行业，哪怕前期辛苦一些，哪怕需要出差，都是可以接受的。其实他懂得“一分付出，一分收获”的道理。

后来，正是因为他在那个异乡城市无依无靠，减少了正常的休闲和娱乐时间，才使得他将大部分时间全身心地投入到销售工作中。

半年后，他通过自己的努力，成功应聘进了一家著名的外企医药公司，后来又通过5年的努力，他现在已经是一名年薪30万的营销总监。

当他和我说完这些的时候，自豪之情溢于言表。但他更明白，他的那次工作选择固然像一次赌博，但工作过程才是真正起决定作用的，期间虽然多次有过放弃的想法，但还是很庆幸自己坚持下来了！

他说，无论如何，应该感谢那段难熬的日子。虽然目前职位和收入都高了，但还是很怀念那段日子的磨炼；否则，自己现在还可能只是一个普通的销售代表而已！

每个年轻人在走向成熟的过程中，总要经历一段辛苦和沉默的日子。这段日子可能是1年，也可能是3～5年。毕竟，要想不辛苦一辈子，总要辛苦一阵子。

别总羡慕别人拿着高年薪，开着汽车上下班，对没有背景的职场人来说，刚毕业的几年谁没住过地下室？谁没有连续加班几个通宵？谁没有因为上班地方远，凌晨5点多就起床？谁没有在炎夏极其口渴的情况下，绕着卖矿泉水的小卖部转三圈，但一掏口袋只剩一块钱时不得不放弃？你们所经历的，很多人都经历过，甚至比你们经历的还要漫长和辛苦，出差这点苦算什么？

波兰女诗人辛波斯卡在一首诗里说："凌晨 4 点没有人感觉舒畅。"是的，有多少年轻人曾经凌晨 4 点起床学习或者锻炼呢？

某记者曾经问科比·布莱恩特："你为什么能如此成功？"科比说："你知道洛杉矶每天凌晨 4 点钟是什么样子吗？"他继续说，"满天星星，寥落的灯光，行人很少。究竟是什么样子，我也不太清楚。但这没有关系，你说是吗？每天凌晨 4 点，洛杉矶仍然在黑暗中，我就起床行走在黑暗的洛杉矶街道上……"

作为篮球运动员，科比每天凌晨 4 点就起床，去做体能训练和投篮练习。洛杉矶凌晨 4 点的黑暗或许一直没有改变，但科比却越发受人瞩目。

科比的努力让我深受触动，即使成功如科比，都有自己难熬的时光。在这段黑暗时光中，他们努力打造属于自己的"光明"，让自己在黑暗中发热、点燃、淬火，最终光华四射。

很多成功人士所声称的最美好的岁月，其实都是他们最痛苦的日子，但是那些难熬的日子对他们未来的成功实际上起了奠基作用！

在生活中，每一个强大的人，都会有着一段段没人帮忙、没人支持、没人嘘寒问暖的日子，从而让他们"熬"出另外一个世界。

好的坏的，成就今天无比坚强的自己

在大多数人眼里，有着高学历、高薪、高职位、平台好的人，才叫人生赢家，而那些做着平凡工作、拿平凡工资、过着平凡生活的人，虽说不是失败者吧，但离成功还有很大的一段距离。

前几年，新闻报道了一则消息，说北京大学才子毕业后，选择当屠夫。此消息一出，就像一颗重磅炸弹似的，在全国各地炸开了锅。

“北京大学毕业！竟然去当屠夫，真是丢人！”

“白上了那么多年学了，干点儿什么不好？……”

“哎，真是浪费人才了！……”

……

在这些言论中，大多是对他的选择感到可惜，有少部分人认为这是在炒作，为自己的创业造势，还有一部分人抱着看热闹的心态，赌他能坚持多久。

当屠夫卖猪肉，这个选择到底是好是坏，是对是错？

面对外界的声音，如果我是这位北京大学才子，一定会对自己的选择产生质疑：这么多人都说自己坚持不下去或干得不好，是不是意味着自己会失败呢？幸亏他不是我这种思维，他的思维是：心理压力是有的，不过我不会在这片质疑声中退却，我会坚持下去。

几年过去了，让我们看一看这位北京大学才子的成就：他在广州开设了近 100 家猪肉连锁店，年营业额达到 2 个亿，被人称为广州“猪肉大王”。

这个结果，让曾经质疑、看笑话、感慨的人“大失所望”，原来卖猪肉也能做成一项事业，简直难以相信。的确，在人们的潜意识中，能够进入全国高等学府，就意味着头上有了道耀眼的光环，更意味着他不是将来的精英就是日后的领导。那么自然，当这位北京大学才子选择“平凡”的卖肉工作时，人们就会产生质疑了。

对于这些质疑，这位北京大学才子能够怎么应对呢？他用行动证明：忽略它们，努力把工作做好，用行动来回击质疑。

行业是没有贵贱之分的，更没有学历高就应该从事光鲜亮丽的工作，学历低或没学历的人就该从事平凡的工作之分。如果说，必须找出人与人之间的行业和命运之分，那就只有成功与失败。

试想一下，如果这位北京大学才子或因质疑或因面子或因压力轻言放弃，那他怎么会得到今天的成就？

有多少有志之士就是倒在了别人的质疑声中，而那些经得住质疑，坚持到最后的，往往就是那些获得万众瞩目的人。

所谓“十年磨一剑”，这才是一个成功者必须具备的良好心态。现在社会发展越来越快，飞快的生活节奏和物质欲望让不少人变得急功近利，他们总幻想不劳而获或少劳多获，殊不知，正是这种心态葬送了自己的人生和前途。罗马不是一夜之间建成的，也没有一个人是一步登天的，再远的征程也是由一个个脚印组成的。

我们都知道，伍尔沃斯是世界上最大的小商品零售超市，却很少有人知道，在 20 世纪 20 年代，它也经历过不小的波折。

1924 年，伍尔沃斯先生向朋友借了 300 澳元，创立了自己的第一家创意小店，里面的每件商品都是 5 分钱。刚创立不久，就收到了很好的收益。

眼看着生意越来越红火，伍尔沃斯接连又开设了 4 家分店。令他没有想到的是，生意很快就一落千丈。算账时，他竟然发现在这 4 家分店中，有 3 家赔钱了。

这下，伍尔沃斯开始冷静了，他分析失败的原因：自己没有开分店的经验，精力太分散，没办法同时兼顾；管理方面有很大的漏洞。

对于这些错误，伍尔沃斯做出了深刻的检讨，随后采取了稳打稳扎的策略。在后来的 10 多年时间里，他虽然只开了 12 家分店，但每一家店都有盈利，并成为同行中最具有竞争力的对手之一。

步子大了容易栽跟头，伍尔沃斯就是很好的例子。所以这就告诫我们：当看到好的一方面，也要看到不好的一面，这样才能让你在前行的道路上，一步一个脚印地坚持向前。

有人说，每一个现在的自己，其实都是过去的自己的拼凑，你曾经的好，你曾经的坏，你曾经哭过，你曾经笑过，其实一直都在，并生生不息。确实如此，那位卖猪肉的北京大学才子和伍尔沃斯都经历了从“坏”到“好”，那么你呢，知道接下来的路该怎么走了吗？

别在
吃苦的年纪
选择安逸

第二章

该奋斗的年龄，不要葬在了安逸

我相信，一个人不管是什么职业，什么职位，只要做自己喜欢做的事情，他一定是开心的，这就是努力的意义。

相反，如果你的努力是为了你不想要的东西，那你会觉得不开心，别在吃苦的年纪选择安逸，从而怀疑努力的意义。

所有的奋斗努力，都有意义

刚工作不久，有朋友问我："如果有一天，你发现梦想始终没有实现，你会不会觉得努力一点儿意义都没有了？"

我说："不会啊。"

朋友紧接着说："即使那些努力都没有回报，你也心甘情愿？"

"我努力过啊！"

说出这句话时，我自己都惊呆了。在当时，其实我还不知道怎么回答朋友，但答案就这么脱口而出了。想想也是，努力过，不就是付出努力的意义吗？换句话说，努力就是努力的回报，付出就是付出的回报，画画就是画画的回报，写作就是写作的回报。就像我闺密说的那样，当自己觉得累时，一想到自己的作品，心里立马觉得安慰，"我真的没有浪费时间啊。"

再后来，我就笃定地相信努力奋斗的意义了，那是本质问题。

一个人之所以选择去努力，不就是为了不想在年华老去之后鄙视自己，不就是为了给自己一个曾经辉煌的过去，不就是为了给自己的人生答上一份满意的答案吗？

某年放假，我坐在回家乡的动车上，偶然听到邻座的姑娘边抽泣边打电话给家人："妈，对不起，本来说好赚钱了才回家的……妈，我尽力了……我不后悔。"她尽量往窗户那边靠，身体一颤一颤的。我能感觉到，她在尽力压制着自己的哭声。

在我的身边，有很多像这个姑娘一样的人存在。他们大多生活在小城市，甚至山区，考上大学是他们唯一可以改变自己人生的机会。他们必须留在大城市，必须在这儿扎根，必须让父母扬眉吐气，让自己有崭新的未来。我印象最深刻的，就是H，我曾经的同事。

据他说，他家住在云南的某个山上，物资匮乏。他们很少下山，如果说要下山的话，一般都是为了采购年货或是生活必需品。他们吃的都是自己种的菜，自己饲养的牲畜。到了初中的时候，H还在用洗衣粉洗头发，他说，他们那儿，洗衣粉洗头发很常见。

记得有一次，他家里只剩下3根火柴了，妈妈让他点燃柴火，准备做饭，没想到他笨手笨脚地浪费了2根火柴，为此，妈妈打了他。

他说这些的时候，我张着嘴半天说不出话。

后来，H离开了公司，找到了更好的平台，我在心底祝福他。不管怎么样，我见过他对努力的信念。他也告诉我，只有努力，只有坚持，才能走出自己的世界，迈向更好的未来。

我相信，一个人不管是什么职业，什么职位，只要做自己喜欢做的事情，他一定是开心的，这就是努力的意义。相反，如果你的努力是为了你不想要的东西，那你会觉得不开心，生活也无望，从而怀疑努力的意义。

说到这里，我想说一下我的一个远房表亲，我叫他姨父。

姨父的命运比较坎坷，从小就被亲生父母丢弃，被小镇上的一对老夫妻抱回家当孙子养。在他很小的时候，就跟着那对老夫妻出门要饭，拾破烂，家里说不上是家徒四壁，也算是四面漏风。但这对老夫妻一直跟他说："娃娃，一定要好好读书，好好上学，离开这个小镇子。只有你走出去了，你才有机会改变命运。"

虽然这对夫妻没有给他丰厚的物质生活，但在精神上给了他百分百的鼓励。果然，姨父很争气，成绩一直名列前茅，还以县第 1 名的成绩考到市里读高中。高中 3 年后，姨父考入某大学的气象系。去上学时，人家都是大包小包带东西，他只跟邻居家借了一身衣服，拿着车费跟录取通知书就走了。

在学校里，他勤工俭学，再也没有花过老夫妻的钱。有时，他还会给他们寄些钱或特产之类的。

毕业后，姨父服从分配去了一线城市的某气象局。如果要按照现在的说法，姨父就是标准的凤凰男，也许连凤凰都称不上，他没有任何资源，连爹妈都没有，却靠自己的努力获得了现在的一切。

阿姨在嫁给他之前，是一个大字不识的农村妇女，后来去了大城市，才开始学习，有不懂的就问姨父。现在，她已经是一家事业单位的会计了。

同事H以及我的阿姨和姨夫，他们都书写了平凡人的努力。其实，不光是他们，在我身边还有不少人，都在用努力向生活、向命运、向嘲笑自己的人证明：只要努力，都有改变命运的机会。

不断改变自己的命运，这就是努力奋斗的意义，也是努力奋斗的力量，比任何豪言壮语都让人感动！

世界上没有卖后悔药的地方

如果我问你，你有什么后悔的事情吗？

你一定会打开话匣子，说上个几天几夜。你会后悔没有好好读书，后悔没有考上好的学校，后悔没有学个一技之长，后悔在机会来临时没有好好抓住，后悔被他人影响做出错误的决定，后悔……你还会说，如果上天再给我一次机会，我一定会怎样怎样。

可是，如果上天真的再给你一次机会，你真的会有所不同吗？

有个人一生碌碌无为，死后去上帝那里报到。上帝看了他的人生简历后，大吃一惊："你在人间足足活了70多年，怎么一点儿作为都没有？"

这个人不服气地辩解道："我之所以没有一丝作为，完全都是你的责任，你没有给我创造作为的机会。"

"哦？"上帝有些不明所以。

"比如说，如果你让苹果砸到我的头上，那发现万有引力定律的人就是我了，哪还有牛顿什么事啊！”

上帝摇了摇头说：“我给每个人的机会都是一样的，你之所以这样，是因为你自己没有抓住机会。”

“怎么可能！如果你给我机会，那我一定会抓住的。”这个人信誓旦旦地说。

“好吧，那我就给你一次机会。”只见上帝把手一挥，把这个人送到了几百年前的那个苹果园。这个人此时正在睡觉，突然，一个苹果正好落在他的头上，把他砸醒了。这个人摸了摸头，然后捡起苹果往身上蹭了蹭，就开始大口吃起来。过了一会儿，一个大苹果又落在他的头上，他又把它吃掉了。过了几分钟，一个苹果再次落下来砸到他的头上，这下，他有些不高兴了，大骂：“你这该死的苹果，搅了我的好梦！”

上帝在一旁笑着，把他带了回来说：“你还有什么好说的？”

这个人哀求道：“请再给我一次机会吧！”

上帝摇了摇头说：“在这个世界上，是没有后悔药的！即便我再给你一次机会，你还是会错失机会……”

上帝是公平的。每个人都会遇到自己的“苹果”，可不是每个人都会把“苹果”当“苹果”，有的人把“苹果”当成意外的收获，而有的人把“苹果”当成千载难逢的机会。牛顿就是后者，发现了万有引力定律。

因此，不要再反复假设一个无聊的问题了：“怎么会？为什么？如果……我就……”当然了，人毕竟是人，怎么会不去假设，不去假如，别说我们了，就连诺贝尔物理奖获得者、美籍华人崔琦先生也不能免俗。

当杨澜采访崔琦先生时问，如果当年你没有离开河南，你今天会是什么样？换做一般人，一定会说，如果没有离开家乡，我就无法获得诺贝尔奖，依旧生活在农村，成为一个满脸沧桑的种地老农。

可崔琦没有按照常人的思路，而是说："如果我不出去，我的父母就不会在自然灾害中被饿死。如果时间能倒流，我宁肯陪在父母身边，也不去香港、到美国，这是我人生最后悔的事。"说罢，崔琦伏下头，痛苦地抽泣起来。

他的父母在三年自然灾害中，不幸去世。父母的过早离世，对他是一个沉重打击。他认为，如果自己当时在父母身边，父母就不会饿死了，他会想方设法给父母弄点吃的，不会让父母过早去世。

可是，世界上没有卖后悔药的……换种思维方式，即便他真的能回到自然灾害时期，那世界上不就少了一个诺贝尔物理学奖获得者，少了一个国家栋梁吗？

还记得那头掉进枯井，然后踩着各种垃圾、泥土最终走出来的驴吗？其实，我们真应该学习它身上的那种精神。人生在世，会有各种各样的"泥土"倾倒在我们身上，时时都有将我们"活埋"的危险。如果只是痛哭或接受命运的安排，那只会让自己越陷越深。如果想要绝处逢生，就要想办法从"枯井"中"升"出来，而"升"出来的唯一方法，就是将那些"泥土"甩下去，踩在脚下，让它成为我们的垫脚石。

同样地道理，当我们知道世界上没有后悔药时，就会给自己一个警醒，不再去做令自己后悔的事情。或者，当做什么事情时，多了一分冷静，多了一分理智。

总之，我们要以沉着稳重的态度来面对困境，从绝望中寻找希望，就能像那头驴一样成功“升井”，不要忘记，逆境不等于绝境，更何况这世上，还有“置之死地而后生”一说呢。“世界上没有卖后悔药的”，不仅是对自己的警醒，还是对自己的鼓励。在奋斗的路上，一定牢记这句话，才能让生活少一份遗憾，让自己多一份坦然。

不要辜负你的大好时光

在电影《美食、祈祷和恋爱》中，有句经典的台词：“唯有美食与爱不可辜负。”其实，青春同样不可被辜负，因为有句话叫：“人不轻狂枉少年。”当青春正好，当我们还年轻的时候，就应该牢牢抓住青春的尾巴，做自己想做，做自己能做的事。若干年后，当我们回忆起自己的青春时，可以毫无遗憾地说“想当年……”。

青春虽然充满了坎坷或心酸，但也最放肆张扬。但不管怎么样，经历过就不算辜负这大好时光。

台湾著名漫画家朱德庸在25岁时红透台湾，他创作的一系列漫画，如《双响炮》《涩女郎》等极受年轻人的追捧，有些作品还被拍成电视剧。可是，很少人知道在朱德庸小时候，学习成绩极差，经常受到老师的批评，说他脑子笨。为此，朱德庸不得不选择转学。

朱德庸学关于文字类的东西非常困难，别人一个小时就能学会，他学一天也不一定能学会。该上中学时，没有一所学校愿意录取他，最后费了很大的功夫，他才能有学上。

刚开始，朱德庸也一直以为自己真的很笨，可后来，他惊奇地发现自己并不是笨，只是对文字比较排斥，而对图形却特别敏感，别人看好久才明白的几何图，朱德庸只要看上一眼就可以看明白其中图形的关系。

发现了自己的“独特”后，朱德庸开始有意识地画漫画，他发现只有在画画时，他才会变得正常，变得跟别人一样。谈到青春，朱德庸这样回答道：“我的求学过程非常艰难，我甚至感觉到我就是一个四季豆，为此我甚至患上了自闭症，我只有在画画的时候才会感受到一丝快乐。

“外面的世界我没法待下去，唯一的办法就是回到自己的世界，因为这个世界里有我的快乐，在学校里受了老师的打击，我敢怒不敢言，但一回到家我就会画他，把他画成一个魔鬼，让他死得非常惨，然后我的心情就会好多了。”

在他的青春里，有疑惑、有否定、有坚持、有梦想。在回忆过去时，朱德庸这样说道：“如果我的父母也像学校一样逼迫我去学那些文字，那我肯定不会去画画了，也许在贫民区你可以看到我。幸运的是，他们发现了我有画画的天赋，从小培养我，所以我才会有现在这样的成就。通过画画，我发现自己并不是一个永不发芽的四季豆，而只是没有找对方向而已。我相信人和动物一样，都有自己的天赋，比如，老虎有锋利的牙齿，兔子能奔跑……所以他们都在大自然中生存了下来。人也是一样，不过很多人在成长过程中把自己的天赋忘了，就像有的人被迫当了一个医生，结果他晕血，所以注定只能一辈子平庸。”

看到朱德庸，我似乎看到了自己，看到了不少和我一样在青春里磕磕碰碰的故事，只是有的人在青春这场战役里烟消云散，而有的人没有辜负青春给自己带来的伤害。

一个夏天，一位青年来到巴黎寻找梦想，他漫步在香榭丽舍大街上，欣赏着流光溢彩的现代化都市的繁华，渴望成功的那份心在心底燃烧着。

他清楚自己的身份卑微，除了梦想，他没有任何的优势可言。但是靠自己一点点地打拼，似乎成功又太缓慢、太艰难了。思考再三，他决定借助外力走捷径，四处拜访令自己崇拜的成功人士，可惜，迎接他的不是迈向成功的台阶，而是一连串的失望，没有一位成功人士愿意助他一臂之力。

青年满怀失落，拖着疲惫的身子在大街上踯躅着，不知不觉间来到希尔顿大饭店门前。他在那里，用羡慕的目光望着门口停放的豪华轿车，望着衣着光鲜过往的行人，想到自己的卑微与遥远的梦想，他忍不住流泪了。

这时，一位老者注意到他，缓缓走到他跟前问：“年轻人，有什么需要帮助的吗？”

青年叹了一口气，说：“我有一个很大的梦想，希望有人帮我实现，但一直找不到这个人。”

“什么样的梦想？不妨让我听听。”老者面含微笑。

“哎，就不说那些遥远的梦想了，我现在的梦想，就是能走进这家饭店，听着优美的钢琴曲，慢慢品味一顿精美的大餐。”

“如果你愿意，就跟着我来，我可以帮你实现这个梦想。”老者做了一个邀请的动作，带着他朝饭店里走去。青年难以置信，他真的来到了世界最高档的餐厅，坐到了柔软的皮椅上，听到了最优美的音乐，甚至品尝到了最精美的大餐。

这顿饭让他感慨万千，受益良多。饭后，青年对老者说：“谢谢您，我懂得自己该怎么做了……”

20 年后，青年成为零售业界的一颗巨星。

对于自己的成功，他这样说道：“不要把青春和梦想寄托在别人身上。虽然别人能帮助你实现梦想，但那只是暂时的，我们应该把梦想托在自己的手上，一点一滴地顽强打拼……”

实现梦想如此，青春何尝不是如此，虽然残忍，但只有自己经历，去体会，才能不辜负这大好年华，才能创造美丽的回忆。

安逸的舒适区其实更加危险

所谓不断奋斗、挑战自我，其实就是摆脱自己所熟悉的“心理舒适区”。

心理学家将人类对外部世界的认识形象地以海水为例，分为三个区域：岸边、浅水区和深水区。而岸边这个区域，就是人们的“心理舒适区”。

假如你是一个不会游泳的人，一定是感觉待在“岸边”的舒适区最安全，而每往前一步，你心里的恐慌和不安就会增加一分，因此，很多人都宁可待在岸边的舒适区。沉溺在“心理舒适区”的人也许是不满现状，想换工作又不敢的员工；也许是渴望爱情，却又死宅在家的单身青年；也许就是不满自己的身材，想减肥却又不能坚持努力的我们。

爱默生说：“坐在舒适软垫上的人容易睡去。”这句话说得很对，生活中最大的危险，就是依赖“拐杖”来保障自己。没有什么拐杖是我们能够永久依赖的，要想取得成功，就必须自己去拼搏。

可在现实生活中，并不是每一个人都懂得这样的道理。有不少人奉行“工作越清闲越好，活动量越少越好”，他们懒于用脑，饱于口福，甚至认为只要能舒服地在沙发和床上躺着，就是一种福气。但事实是，这样的“享福”，往往也是一种祸。

有一个人死后去了阎罗殿，那是一座金碧辉煌的宫殿。见有新人来，宫殿的主人十分热情，请求他留下来。

这个人高兴得很，不过还是说：“我辛辛苦苦地忙碌了一辈子，既然你这么热情招待我，那我只有一个要求。”

“哦？什么要求？”

“我只想吃、只想睡，不要工作！”这个人斩钉截铁地说。

宫殿的主人笑了笑说：“哈哈，当然。在这个世界上，再也没有比这里更适合你居住的地方了，这里有吃不完的山珍海味，想吃什么就吃什么，不会有人来催促你。这里有柔软的床，想睡多久就睡多久，保证不会有人来打扰你。最重要的是，你什么活儿都不用干。”

于是，这个人心满意足地住下来。

刚开始的那几天，生活过得滋润极了，这个人开始怀疑，原来人死后真的能上天堂啊，天堂真的是太美了！跟人间的日子比起来，简直是一个天上一个地下。不对，这本来就是一个天上一个地下。一想到自己的悠闲日子，这个人就感到很欣慰。一个星期过去了，这个人开始觉得寂寞和空虚。他想，也许是自己还不习惯这样舒适的日子。

过了一个月，这个人找到了宫殿主人。他说："这种每天吃吃睡睡的日子太没劲了！每天一睁眼睛，就没有动力。你看我已经胖了一大圈儿了。"说着，他捏了捏肚子上的肉。

"你能否为我找一份工作？"他小声地问。

"什么？"

"我想，我真的需要一份工作，这样的日子太煎熬了。"

"很抱歉，我这里没有任何的工作。"

这个人失望地离开了，又过了段日子，他实在是受不了了，又找到了宫殿的主人："这种日子我实在是受不了，如果你不给我工作的话，那我就去地狱！

宫殿的主人感到莫名其妙，说道："这里本来就是地狱啊！"

这个人哑口无言。

瞧，这就是我们向往的什么都不干，每天想吃就吃，想睡就睡，还没有人打扰自己的生活。可是，如果长期处于这样的一种安逸状态，也是一种对自身的折磨，就像故事中的这个人一样。

安逸的生活的确得到了片刻的休息和宁静，可长期安逸的生活，就像是生活在地狱一样。

古人说得好："流水不腐，户枢不蠹。"美国科学家富兰克林也说过类似的话："懒惰像生锈一样，比操劳更能消耗身体。经常用的钥匙总是亮闪闪的。"可见，贪图安逸的危害以及勤劳的好处。在生活中，无论在何种的环境之下，当我们处于安逸的状态时，随时都有可能被危机侵蚀，要知道人生的竞争是激烈并且残酷的，只有那些有准备的人才能获得生存的机会。

安逸的生活需谨慎，安逸的生活有风险。别让自己待在舒适区里太久，要适当突破舒适区。首先，要问问自己，你正在做的事情是你所热爱的吗？是什么让你步入舒适，失去动力，不愿突破？其次，要根据自己的期望与动机，制订符合自我预期的目标。一旦你拥有了清晰的目标后，你便会充满动力，朝着一个点前进。当然，最重要的还是行动！光有口号可不行。

舍弃短暂的安逸，翘望明天的辉煌

有的人，混着日子，却做着白日梦，许着慷慨的承诺，过着我行我素的生活，表着激昂的决心，继续着唯我独尊的日子，如此混沌的日子，究竟何时了结？如此庸碌的岁月，究竟何时终结？

当安逸成为鸡肋，舍弃安逸不只是勇气，更是一种睿智。手里捧着果子的人，春天来了是无法播种的，懂得为春天腾出双手的人，才能拥有更丰硕的秋季。

有两位年轻人，一个叫柏波罗，一个叫布鲁诺，他们是堂兄弟，都是雄心勃勃的人。他们住在意大利的一个村子里。

两位年轻人从小就是要好的伙伴，他们都有远大的梦想。

他们常常没完没了地谈论在某一天通过某种方式，让自己成为村里最富有的人。他们都很聪明而且勤奋，他们所需要的只是机会。

有一天，机会来了。村里决定要雇用两个人把附近河里的水运到村广场的蓄水池里去。村主任把这份工作交给了柏波罗和布鲁诺。

两个人各抓起两只水桶奔向河边开始了他们辛勤的工作。当一天结束时，他们把村广场的蓄水池装满了。村主任按每桶水一分钱付钱给他们。

“我们的梦想终于实现了！”布鲁诺大喊着，“我简直不敢相信我们的好运气。”

但柏波罗却不是这样想的。他的背又酸又痛，用来提那重重的水桶的手也起了泡。他害怕每天早上起来都要去做同样地工作。于是他发誓要想出更好的办法，将河里的水运到村里来。

第二天早上，当他们抓起水桶往河边奔跑时，柏波罗说：“布鲁诺，我有一个计划，既然一桶水才得到一分钱的报酬，还要这样辛苦地来回提水，我们不如修一条管道，将水从河里引进村里去吧。”

布鲁诺愣住了。

“一条管道？谁听说过这样的事？”布鲁诺大声地嚷道，“柏波罗，我们拥有一份很棒的工作。我一天可以提100桶水，一天就是一元钱！我已经是富人了！一个星期后，我就可以买双新鞋。一个月后，我就可以买一头牛。六个月后，我还可以盖一间新房子。我们有全镇最好的工作。我们这辈子都不用愁了！放弃你的管道幻想吧。”

柏波罗不是一个容易气馁的人，他耐心地向他最好的朋友解释这个计划，可惜的是这并不能改变布鲁诺的想法。于是柏波罗决定，即使自己一个人也要实现这个计划。他将一部分白天的时间用来提桶运水，用另一部分时间以及周末的时间用来建造他的管道。他知道，要在像岩石般坚硬的土壤中挖出一条管道是多么艰难的事。因为他的薪酬是根据运水的桶数来支付的。他知道在开始的时候，自己的收入会下降。他也知道，要等上一年、两年，他的管道才能产生可观的效益。但柏波罗坚信他的梦想会实现，于是他全力以赴地去做了。

不久，布鲁诺和其他村民就开始嘲笑柏波罗了，称他为“管道建造者柏波罗”。布鲁诺挣到的钱比柏波罗的多一倍，并常向柏波罗炫耀他新买的东西。他买了一头毛驴，配上全新的皮鞍，拴在了他新盖的两层楼旁。

他还买了亮闪闪的新衣服，在饭馆里吃着可口的食物。村民尊敬地称他为布鲁诺先生。他常坐在酒吧里，掏钱请大家喝酒，大家在高兴之余，对他所讲的笑话表现出极大的热情，故意高声大笑，以博得他的欢心。

当布鲁诺晚上和周末在吊床上悠然自得时，柏波罗却还在继续挖他的管道。前几个月里，柏波罗的努力没有多大进展。他工作得很辛苦——比布鲁诺的工作更辛苦，因为柏波罗晚上、周末也还在工作。

但柏波罗不断地提醒自己，明天梦想的实现是建立在今天的牺牲上的。一天一天过去了，他继续挖，一次只能挖一厘米。

一厘米又一厘米……成为一米。他一边挥动凿子，打进岩石般坚硬的土壤中，一边重复这句话。一厘米又一厘米……成为一米，然后 10 米……20 米……100 米……

“短期的痛苦带来长期的回报。”每天的工作完成后，筋疲力尽的柏波罗跌跌撞撞地回到他那简陋的小屋时，他总是这样提醒自己。他通过设定每天的目标来衡量自己的工作成效。他这样一直坚持下来，因为他知道，终有一天，回报将大大超过此时的付出。

每当他入睡前，耳边尽是酒馆中村民的嘲笑声。“目光要牢牢地盯在回报上。”他一遍又一遍地重复这句话。

就这样一天天，一月月地过去了。有一天，柏波罗意识到他的管道已经完成了一半了，这也意味着他只需提桶走一半路程了。柏波罗把这多出的时间也用来建造管道。终于，完工的日期越来越近了。

在他休息时，柏波罗看到他的老朋友布鲁诺还在费力地运水。布鲁诺的背驮得更厉害了，并且由于长期的劳累，步伐也开始变慢了。布鲁诺显得很生气，闷闷不乐，好像是为他自己注定一辈子要运水而愤恨的样子。

他在吊床上的时间减少了，却花更多的时间在酒吧里。当布鲁诺进来时，酒吧的老顾客们都窃窃私语：“提桶人布鲁诺来了。”当镇上的醉汉模仿布鲁诺弓腰驼背的姿势和他拖着脚走路的样子时，他们都哈哈地大笑。布鲁诺不再请大家喝酒了，也不再讲笑话了。他宁愿独自坐在漆黑的角落里，被一堆空酒瓶所包围。

最后，柏波罗的重大时刻终于来了——管道完工了！村民们簇拥着来看水从管道中流到水槽里！现在村子里有源源不断的新鲜水了。附近其他村子里也有人搬到这个村子中了，于是这个村子就发展和繁荣起来了。

管道一完工，柏波罗就再也不用提水桶了。无论他是否工作，水都一直源源不断地流入。他吃饭时，水在流入；他睡觉时，水在流入；当他周末去玩时，水还在流入。流入村子里的水越多，流入柏波罗口袋里的钱也就越多。

很多人越来越习惯安逸，越来越害怕冒险，越来越逃避责任，越来越淡化理想，开始所谓的平静生活，平淡心态，而事实却只是自欺欺人。今天居安思危，努力奋斗，明天才会春风得意，光辉璀璨；今天若是贪图安逸，不思进取，明天必将黯然神伤，一败涂地。

挣脱束缚，跳出内心的困境

听过俞敏洪的演讲，其中有段话让我印象深刻："其实，人的一辈子都有某些东西束缚着我们，不管是贫困生活还是社会地位，不管是传统习俗还是法律条文。生命的抗争就是在束缚中跳出美丽舞蹈的过程。没有束缚的生命反而显得轻浮而没有分量，生命的束缚和挣脱束缚的努力，使我们的生命变得厚重而美丽。"

的确如此，束缚就像是孙悟空的紧箍咒，令人头疼不已。从青少年时期，就渴望自由、逃离校园或父母的"手掌"。离开校园，步入社会后，又渴望逃离钢筋水泥堆砌的世界。成家立业时，又渴望一个人的自由……束缚，看似无形，却又真实存在着。

2008 年，俄罗斯运动员伊莲娜·伊辛巴耶娃第 26 次打破女子撑竿跳世界纪录，并将室外赛世界纪录提升至 5.05 米。

2009 年 8 月 18 日，在德国柏林举行的第 12 届世界田径锦标赛中，伊辛巴耶娃决定向第 27 次世界纪录发起冲刺。她在此前接受媒体采访时信心百倍地表示："我已经准备得很充分，我很自信，我甚至开始想象我夺冠的情形。"她的教练佩特罗夫也表示："夺冠已是我们意料中的事。"

由于实力出众，伊辛巴耶娃的第一跳经历了一个半小时的等待。当其他选手还在为 4.55 米的高度犯愁时，她正穿着厚厚的运动外套，躺在场边空地上悠闲地做着放松动作。高度提升至 4.70 米后，众多选手纷纷退去，她终于起身准备，考虑从哪个高度开始自己的夺金之旅。

然而，故事的结局显然出乎所有人的意料。依旧最后一个登场的伊辛巴耶娃，并未给人们带来惊喜，她第一次试跳 4.75 米的高度失败。而此时，波兰选手罗格夫斯卡已一次性通过了 4.75 米的横杆，这迫使伊辛巴耶娃不得不挑战 4.80 米的高度。

这个高度对于伊辛巴耶娃来说，难度并不是很大，但她在冲击这一高度时因插竿太晚而再度失败。两次试跳失败后，伊辛巴耶娃被逼上了绝境，因为她必须在最后一跳成功，才能保住金牌。

伊辛巴耶娃在起点站定后，为自己的撑竿打上镁粉，举起双手示意全场观众，这也是她在此次锦标赛上的最后一次试跳。

在举竿、助跑、起跳的过程中，4.80 米高度的横竿却随着伊辛巴耶娃一同跌落，整个奥林匹克体育场内一片哗然。现场的观众从来不敢如此推测：撑竿跳女皇的三次试跳竟全以失败而告终，而且以最匪夷所思的失败方式而告终。

筋疲力尽的她，顿时瘫坐在地，毛巾掩面，泣不成声。这位曾经的卫冕冠军兼世界纪录保持者，竟然遭遇了职业生涯最惨痛的失利，制造了世锦赛最大的冷门，这让她痛不欲生，然而，这样的痛苦心情没有持续到第二天。

伊辛巴耶娃仅仅用了一天的时间，就平复了心情，又一次神采奕奕地出现在了公众的面前。对于这次的惨败，伊辛巴耶娃发表感言："也许有人会说，我拥有了一切，也就没有了野心，没有了动力。可是，我每天都在努力训练，都在向更高的目标发起冲击。关键是，我肩上的压力太大了，包括我的祖国、家庭、朋友、赞助商和所有支持我的人。为了他们，我总是告诉自己必须要赢，这种压力和超高的期望值，犹如沉重的行囊，几乎就要将我压垮。虽然比赛的整个夜晚我都感觉很好，一切都很让我舒心，我也很自信。正因为感觉和自信都很好才提高了 5 厘米，没想到却是这样的结局。显然，是太过于自信和巨大的压力摧毁了我，我败给了我自己。"

伊辛巴耶娃的教练听了她的叙述，也做了检讨："当她第二跳没有过，我就暴跳如雷地冲她大喊大叫，'怎么回事？怎么不跳啊？赶紧跳！'这无形中束缚了她，加大了她的压力。她也是人，不是神。失败没有什么，我相信，以她的能力完全可以找回她自己！"

对于以后的打算，伊辛巴耶娃信心十足："看来，今后我需要把心态放平，让生命轻松前行！我仍将把突破世界纪录作为目标，尽管我知道那并不容易做到。我需要抛开沉重的压力，才能找回我自己。只有解开心灵的桎梏，为心灵开一扇窗，让快乐走进来，才能最终战胜自己。”

每个人的人生旅途中，都会布满崎岖的山路、坎坷的洼地与曲折的河流，但是，有的人一生光环无数，有的人却潦倒穷苦。这是为什么呢？这就是面对束缚的态度不同。人生嘛，有些坚持的事情，不一定就是百分之百的真理，挣脱束缚，说不定还可以看到更好的风景。

没有人可以一帆风顺，也没有人一生坎坷。“山重水复疑无路，柳暗花明又一村”。挣脱束缚，跳出内心的困境，超越内心的障碍，继续赶路，你会发觉自己越飞越高，心情愉悦开朗。

你想要的，终将盛装降临

2005年的夏天，格子带着两个重重的行李箱和好奇的心情挤上了她人生中第一次行程。9月份的西安十分闷热，格子满心期待的大学校园并没有她想象中那么美好。她强硬地支撑着身体报道，领被褥，认宿舍，收拾东西。

大学期间，父母离婚，格子的寒暑假都不知道怎样安排才更合理，更能让父母都觉得开心。所以她后来就索性哪也不长待，回去看他们一下就开始自己的暑期打工。

格子觉得自己很幸运，每个暑假都能挣到一些小钱。大一的暑假，她在一家少儿拓展公司做家长接待工作。大二的暑假，她和同学一起招生，买了人生中第一台笔记本电脑。每年的暑假她都在辛苦忙碌中度过，偶尔想到父母的近况她就很难受。至今她都不愿意自己回家，因为那有太多儿时的回忆，每一次回家她都莫名其妙地要在家里哭一会儿。

2009年的8月份，格子第一次乘坐飞机，第一次走进一座海滨城市，第一次感受到海风，第一次看到了隔岸的香港，第一次看到大大的椰子树，第一次见识到快节奏的生活。她怀着满心的期待与激情开始了她的深圳生活。

公司只给了格子 3 天时间找房子。在找房子的 3 天里，格子不知道被淋了多少次雨也不知道走了多少路，她游走在南山，福田，罗湖 3 个市区，然后各种小区，城中村里穿行，她不知道自己走了多少里路，也不知道坐了多少趟公交车。

在晚上回去洗澡的时候，格子突然觉得大腿内侧好疼，低头一看才发现腿两边都已经磨破了。疲惫的身体和无助的内心让她整个人都不太好，格子就那样淋着水，抱着双膝，蹲在浴室里委屈地哭了起来。

紧张的生活节奏不允许她有太多的个人情感在里面，她要为自己的房租，水电，生活开支拼搏。擦干眼泪收拾好自己之后，她又开始了从早到晚的找房子，最终她以 1000 元租金的价格合租到了南山一个小区的房子。

她住的地方离世界之窗和欢乐谷也就十几分钟的路程，但在她离开深圳之前她却一直没有去过世界之窗，至今不知道里面是怎样的风景。

总以为时间很多，有空了就去，但现在看来很多事都是这样的，既然想到了就赶快去做，因为“以后”这个词真的不靠谱。很多我们应该要做的事都因为说以后怎样怎样，最后都搁浅了。后来格子又重新租了一个房子，她开始早上挤公交上班，晚上到超市和大妈们抢着最便宜的菜。初入深圳的她，没有任何朋友，每天就是出租屋——公司——超市，三点一线。

格子是那种倔强的小女生，很多时候，她都有一种不服输的精神，后来她去了天津、北京、山西。格子的舞技很好，在公司的年会上，格子跳了传统的蒙古舞，一曲下来，惊艳四座。格子长得漂亮，性格也很独立，她身边的追随者也很多。

终于在打拼 5 年之后，格子嫁了人，定居在太原，那个倔强的姑娘依旧古灵精怪，美丽的像是不染尘埃，那个一直没有停下前行的小女生，如今有了自己的宝宝，是典型的辣妈。

她会在每一个阶段都做最好的自己。

格子的大学生活过得不算富裕，但由于自己的努力也不比同学们生活的差，有时候甚至比她们更好。如今，格子也过上了自己想要的生活，相夫教子，老公负责赚钱养家，她负责貌美如花。

格子一直坚信，你想要什么样的生活只有你自己可以做到，人生路上捷径很少。

慢慢走下来，我们曾经历的东西，在后来的日子里都会得到。

改变不了糟糕的昨天，却能改变今天和明天

还记得“胡萝卜、鸡蛋和咖啡”的故事吗？

有一个女孩失恋了，郁郁寡欢，对人生失去了信心。女孩的父亲是一位厨师，为了帮助女儿走出糟糕的心情，他决定做一个试验。一切准备就绪，他把女儿叫到自己跟前。接着，他烧了三锅开水，分别将胡萝卜、鸡蛋、咖啡放入锅中继续煮。

很快，原本硬邦邦的胡萝卜变软了；原本易碎的鸡蛋变结实了；最让人难忘的是咖啡，它进入沸水后摇身一变成了一锅香浓的咖啡。

他用事实来告诉女儿，要勇敢面对生活中的各种遭遇。这真是一个有意思的表达。面对像滚烫开水一样的困难，我们是要像胡萝卜一样服软，像鸡蛋那样越挫越勇，还是像咖啡那样改变自身，改变环境呢？

我想，大多数人都会选择后者，因为后者有足够的说服力让我们改变现状，变得不那么糟糕。

有一个人想学绘画，可是总是犹豫不决，无法下定决心，他就去咨询自己的朋友。他说："我想学绘画，可是再过4年我就40岁了。我这样的年纪还能再学习画画吗？不会太老吗？"他的朋友对他说："为什么不行呢？就算不学绘画，再过4年你也是40岁啊。"朋友的话犹如醍醐灌顶，既然都是同样地度过每一天，那么为什么不去做些自己喜欢的事情呢？于是第二天，他就去报名学习了。

其实活着不需要任何借口，你可以利用当下的每一分、每一秒去做你想做的事情，不要在乎别人的看法和眼光，因为呼吸和生命都是你自己的，自己过得精彩比什么都更重要。

2007年8月，朴槿惠第一次党内竞选总统候选人。最终的结果是，朴槿惠以微弱的劣势输掉了竞选。当朴槿惠上台致闭幕词的时候，整个会场变得鸦雀无声，所有人都想知道刚刚选举失败的她会说些什么，有些人甚至有些幸灾乐祸。但出人意料的是，台上的朴槿惠没有任何的沮丧，她镇定地说："我承认竞选失败了。我真心接受这样的结果，并表示对结果心服口服。今后我会尽自己的职责，支持李明博竞选总统候选人。我会为实现政权的交替而像李舜臣那样'白手起家'，奋斗到底！"

会场一瞬间就响起了雷鸣般的掌声。那些关心朴槿惠的人，看到她如此淡定，也就安心了。败选后的第二天，40多名阵营内议员来到朴槿惠的住所，打算安慰朴槿惠。谈话的时候，不少人当场就抑制不住自己的情绪，呜呜大哭起来。可朴槿惠始终面带微笑，还开玩笑说："是我把男子汉们都弄哭了。"

结果已经失败，就不要急着悲伤、懊恼，而是要找出失败的原因，从中汲取那些对我们未来人生更有价值的经验和教训。上帝早设置好了一道道难关让我们去闯。面对逆境，有的人逆流而上，有的人 3 分钟热度，有的人畏缩不前……当然，不同的态度也导致了不同的结果，有的人尝到胜利的果实，有的人依旧两手空空。

不管你的生活有多么糟糕，不管遭遇多少困难，你都要坚守“改变环境”的信念。千万不要懈怠，不要认为生命很长很久，还有足够的时间去做很多事情，其实生命的重点是抓紧每一分每一秒去做你觉得重要的事情。只有这样认识生命，才能真正体验到生命的精髓。

别在
吃苦的年纪
选择安逸

第三章

别人嘲笑的不是你的梦想，而是你的实力

我特别喜欢这句话：“没有为梦想拼过，枉负了青春。”

只要你努力了就有可能成全自己的梦想，成为自己的英雄，这辈子才是不会后悔的一生。

趁年轻，为梦想拼一拼

表弟大学毕业后，应聘到一家外企工作。其实，以他出色的简历和能力能够进入更好的公司，他之所以选择这家公司，是因为公司与非洲的一些国家有业务往来。

去年夏天，得知公司驻肯尼亚办事处进行人员调整，表弟立刻向公司提出驻外申请。由于同事们都愿意去欧美，像外驻非洲国家的空缺都是避之犹恐不及，所以申请很快得到了批准。

到肯尼亚去，也就意味着他很久不能回家，更意味着错失了被派往欧美国家的机会，这使舅舅很是生气。表弟不想对自己的选择做过多解释，只是淡淡地说了一句："非洲，还欠我一个东西，我要去拿回来。"

我知道，他要去拿的是什么，那是属于他的一个秘密。

一个多月后，表弟寄来了两张照片，一张是表弟在攀爬肯尼亚国家公园内著名的树上旅馆的木梯，不远处有几头狮子在草丛中窥视着不远处在溪边饮水的羚羊；另一张照片是表弟背靠观光车伸手做胜利状，前方一头母狮子正领着几头小狮子在草地上嬉戏。

舅舅翻来覆去地看着那两张照片，若有所思，眼睛里还泛着光。“舅舅，你没事吧？”我问他。他没有说话，而是走进表弟的房间。接着，他从表弟房间的小箱子里拿出一本作文书，翻开第一页，上面七扭八歪地写着：我的理想。

表弟的梦想是做一名驯兽师，每天和狮子生活在一起，和它交朋友，并且会告诉它，不要去伤害别人和其他小动物。如果做不成驯兽师，那么有一天，他一定会去非洲和狮子一起生活几天，看它们捕食、玩耍、睡觉，然后和狮子们照上几张合影……作文本的右下角，老师用红笔写了一句评语：梦想不是胡想。

老师的评语让表弟很伤心，他真的是这样想的。回家后，表弟把作文拿回家给父亲看，希望从父亲那儿得到肯定和鼓励。父亲一边听表弟念作文，一边哈哈大笑道：“写得好，写得好！儿子，你很有想象力。不过，老师的评语也没错，这确实有点儿胡思乱想，因为你既不可能做驯兽师，也不可能到非洲去。最重要的是，没有人敢保证狮子不会伤害你。”

舅舅的话同样伤害了表弟。

一个周末，表弟来我家，委屈地问我：“我以后要做什么，凭什么要听从他们的话？姐，我发誓，这辈子我一定要去非洲，一定要照狮子在一起的照片给父亲和老师看。”

虽然，当时我也觉得他是异想天开，毕竟当时他才十多岁。

可如今，表弟实现了自己的誓言。

“这小子可真行！”舅舅沉吟片刻，微笑着摇了摇头。我听得出，舅舅的话不是埋怨，而是赞赏，是为有这样一个犟儿子感到自豪。

人生在世，每个人都应该拥有一个梦想，并为梦想努力着、付出着或失去着……有句话说得好：“年轻就是用来折腾的。”我要说，年轻就是用来实现梦想的。你想，趁年轻不去实现，到老了，走不动了再去折腾，那就心有余而力不足了。如果人一辈子都不折腾，那不就白来这世上走一遭吗？

人要实现自己的梦想，成就一件事情，很多时候就需要一股犟劲儿。表弟所实现的，虽然不是什么惊天动地的大事，但他用行动证明：为梦想拼搏过。

我的同事小波是一个游泳爱好者，每周都要去一次游泳馆。用他的话来说，在水里游泳就好像是一条鱼一样，自由自在的。当身体和手将水拨向两边，随着水波一点点散开时，就像是被温柔抚摸。

对于他的形容，我们扑哧一笑。

有一天，他参加了一个户外千米自由泳比赛。回来后，他激动不已，慷慨激昂地为我们描述比赛场景以及在整个过程中发生的一些事。我们知道，小波并没有进入比赛的前三名，但他那种富有激情的演讲感染着每一个人。最让我印象深刻的是，他说：“人活着，就得有点儿激情。连激情都没有，谈什么实现梦想。”

是啊，得第一名、实现梦想并不是我们最终的目的地。梦想最伟大的定义不是被超越，而是继续奋斗。

我特别喜欢这句话：“没有为梦想拼过，枉负了青春。”只要你努力了就有可能成全自己的梦想，成为自己的英雄，这辈子才是不会后悔的一生。在实现梦想的路上，不是所有人都经得起挫折和失败……我要说，这就是你与梦想背道而驰的理由。就算是大家都站在“年轻”同一起跑线上，依旧会出现“有的人成功，有的人失败”的例子。

今天流的汗是你明天流的泪

在你的身边，一定会有这样的人：他们蜗居在某个城市的一处出租房里，过着重复性的朝九晚五的生活，有时熬夜加班到凌晨，一日三餐随意应付，经常都是外卖、泡面，偶尔在周末出去和朋友聚会，逛街更是难得的享受……他们遭受过生活的一些动荡和挫折，便甘愿做一个对世界满腹怨怼却又随波逐流的人。

与此同时，也有一些这样的人：他们克己自律，每天按着计划行事，有条不紊地生活着，尽量不去浪费时间，不做浪费时间的事。当别人还赖在床上，想着“再过一会儿起”的时候，他们早已经在闹钟响之前起来，吃了一顿美味的早餐补充所需的能量，接着梳洗整齐，以最好的状态和心境迎接工作。

这就是人与人之间的差别。他们之间最大的区别，就在于“努力”二字。

C是我们学校公认的“高富帅”，他身高1.80米，长相英俊，谈吐大方得体，是不少姑娘们追逐的对象。高富帅已经算是完美地诠释了，可没想到他成绩也优秀，经常获得各种比赛的奖品和证书，就连老师都时常夸他办事稳妥，以后有做领导的风范。他的这种高级别配置，真是羡煞了不少男同胞。以现在的话来说就是，明明可以靠脸、靠家世吃饭，却偏偏要靠才华。

毕业晚会当天，他以主持人的身份出现，拿着话筒说："很多人都问我，为什么会这么努力？其实，那是因为我没有什么过人的天赋，不想抱着'我就这样'这种自暴自弃的态度过4年。这样，我就有了动力。"

那年，他考上某传媒大学的研究生。几年之后，他开始陆续出现在地方电视节目中。有时同学聚会，一些人会酸溜溜地说："C啊，就是靠家里有钱又长得好看呗。"有的人也会为C打抱不平："努力才会有结果！再厉害的家世，如果不努力，那就是扶不起的阿斗。"

之后，从其他同学的口中得知，C研究生还没毕业，就开了一家传媒公司，生意做得顺风顺水，现在车房都有。再见到他时，就是他结婚的时候了。他穿着笔挺的西装，梳了一头整齐的油头，眼神也越发刚毅，五官轮廓经过岁月历练也显得更加成熟。他的妻子有着海藻般的长发和曼妙的身材，面容姣好，长得特别像徐若瑄和周慧敏的合体版。这么多年过去了，C依旧还是一个具有传奇色彩的人。

这个世界就是那么现实，而正因它的现实才能逼迫我们绝处逢生，成为更好的人。

爸爸朋友的一个女儿，比我大3岁，我上高中时，她已经出国留学了。因为我们的班主任是一个老师，所以我总能听到关于她的事迹。某天，班主任给我们念了一封信，是她寄来的，里面说了她现在的生活和学业，以及对老师的感谢。等老师最后念出落款的几个字——来自剑桥。我当时就懵了。剑桥！那真是了不起的学校，对于我这种普通学生，剑桥遥不可及。回家后，我问老爸关于她的消息，老爸赞许地说道："一个女生，能那么优秀真的很不容易。"

几年后，在一次家庭聚会中，我与她见面，聊了聊。她说的一句话让我记忆犹新："因为想要过自己的人生吧，很多事情就像是旅行一样，当你决定要出发的时候，最困难的那部分其实就已经完成了。"

记得曾经看过一篇微博故事，是一个姑娘第一次出国，留学生活并没有想象中的那么顺利，语言障碍、口味习惯不同等，一时兴起去打工，却因为太累，选择了辞职。有一天，她在脸谱网上看到Leo，一个澳洲本地小伙，性格很好，做事能力强，最令人羡慕的是成绩也名列前茅。

认识之后，姑娘就开始跟Leo聊起自己的生活，到后来变成了诉苦。等姑娘说完了很多后，Leo这样回道："我到现在都用不起iPhone，这种在你们国家随手可见的东西；我的学费是自己辛苦赚的，而你虽离家远，但父母一直在默默资助你，你每天就做这么一点事情，凭什么说自己累？那些比你累的人都没说什么，那些比你优秀的人都比你努力，你有什么资格唉声叹气？"最后，他对姑娘说了一句很狠的话，"要么滚回去，要么就拼。"

看到这些，姑娘突然懵了。原来，她一直只看到他们表面所获得的，却没有看到他们如何获得，更没有看到他们的坚持与困难。是啊，在自己看不见的地方，有着多少默默努力啊，即使慢一点，但从未说过放弃，更没有提及抱怨。实际上，无论是爸爸朋友的女儿，还是Leo，还是其他优秀的人，在他们光鲜漂亮的“外表”下，都有各自的心酸和努力。

当你抱怨，想要退缩或放弃时，不要忘记：一个人20岁出头的时候，除了仅剩不多的青春以外，什么都没有，但年轻时的努力却能决定你变成一个什么样的人。试想，一个人一辈子能去往几个想去的地方，能看过几处难忘的风景？能读到几本能改变你人生的书籍？又能经历多少次难忘的旅行？这个世界那么多不顺心的事情又能怎么样？我们能做的就是，继续向前，继续向前。

有句话说得好：“一个不努力的人，别人想拉你一把，都找不到你的手在哪里！”只有努力了，我们才有资本怀有更多的欲望，也才有能力去抵抗这个冷酷无情的世界。特别是当一个人既不能靠脸吃饭，又不能拼爹竞业的时候，我们唯一能做的就是努力，努力，再努力！一定要记住“别在吃苦的年纪选择安逸”，那是感动、欣慰的泪，是从天真幼稚到成熟自信的成长之泪。

如果不曾努力，凭什么要求结果

在同学的生日聚会上，我学会了两个新词“健友”“跑友”。顾名思义，“健友”就是健身的朋友，“跑友”是一起跑步的朋友。

也不知道是限号的原因，还是人们开始注重健康起来，健身已经成为不少朋友的首选娱乐项目。有句话说得好：“请人吃饭，不如请人流汗。”就连台湾名嘴小 S 也说：“要么瘦，要么死”。可见，健身的重要性。

曾经看过一档电视节目，叫《超级减肥王》，里面的每一个选手都是体重超过正常人体重的几倍，他们走上几步路，就气喘吁吁，大汗淋漓。稍微一运动，比如做个仰卧起坐，下去了起不来……刚开始，看着他们在教练的引导和帮助下锻炼，总能哈哈大笑。可是，看着看着，眼泪就止不住了。

在他们的身上，有着或多或少的烦恼，有的关乎健康，有的关乎恋爱结婚，有的关乎学业或职场……最让我印象深刻的一个姑娘，因为外貌的原因，一直相亲失败。对于一个女孩来说，这是多么大的打击。

每一周，他们都会有强度训练，并且比赛“看谁在一周内瘦得最多”，哪个人瘦得最少，就会面临淘汰的危险。看了几期后，我发现，这个节目虽然是关于减肥，却也讲了很多关于如何看待人生、看待自己、看待世界。

此时，没有比“今天流的汗是你明天流的泪”更能贴切地解释我对这些人的鼓励了。今天你付出了汗水和辛苦，明天就会有意想不到的巨大收获，比如：买衣服再也不用买最大码或定制了；再也不用去在意他人异样的眼光了；健康有保障了；工作和恋爱机会也多了。

有人说，那就是一个真人秀节目，都是作秀的，有什么可值得说的？再说了，在生活中，有很多胖子也找到属于自己的事业，自己的爱情了啊。

如果说电视节目不想赚取眼球，提高收视率，那绝对是假的。但减肥这件事，却是真实存在的。因为这里没有PS，不会真的把你原本浑圆的身躯PS得瘦小无比。这里有实实在在的统计数字——体重秤，它会告诉你“你是努力了还是偷懒了”。这里没有人去替你减肥，靠的只有自己。如果你放弃今天，那么你的明天就会一败涂地，失败的你将毁在“减肥”的道路上，依旧无法瘦成一道闪电。

知道朋友跑了近两年步之后，我也开始蠢蠢欲动，准备加入这股“跑步热潮”。为此，我们专门建了一个群，里面有在跑步热潮中的，有即将加入的，还有一些受过正规训练的教练，每一天大家都会咨询一些问题。当然，最多的就是担心坚持不下来。

后来，朋友专门做了一张计划表，发在群里。这是一个为期一年的减肥计划，每天几点到几点为跑步时间，一周至少要跑多少公里，一个月至少要跑多少公里，跑了一个月希望减重多少斤，等等。

一开始，响应的人很多，可真正开始行动起来的人却寥寥无几。计划的定义是："预先明确所追求的目标以及相应的行动方案的活动。"但当你知道目标和行动却没有去追求目标，贯穿行动，那么计划仅仅是计划而已，再好的计划如果没有行动都是零。无论计划是简单还是复杂，比如：计划晨跑一周或是晨跑一年，如果没有开始行动的话，所有的计划都注定失败。与其计划着去失败，还不如不要计划，只要去做就好。

如果你想要做某件事情时，不需要一下子制订长远的目标，可以试试将目标分散，分成一个个小目标。比如：由于周末时间充足，我打算跑 10 公里。当我开始跑步的时候，觉得自己跑不完 10 公里，于是就定成 3 公里。当成功跑完 3 公里时，可以对自己说："现在继续跑，跑完 4 公里。"跑完 4 公里时，可以继续对自己说："现在，你的目标是跑完 5 公里。"如此反复，依次增加，不知不觉就跑完了 10 公里。当然，即便你没有跑完 10 公里，你依旧是已经行动起来了。

除了健身以外，这种计划在生活中到处可见。比如，你几个月后要参加一个行业资格认证的考试，所以你必须去计算时间，要用多少时间看书，用多少时间复习，用多少时间做习题……但最最重要的，还是行动力。《老子》中提到：“合抱之木，生于毫末；九层之台，起于垒土；千里之行，始于足下。”荀子《劝学》中也曾说过：“不积跬步，无以至千里；不积小流，无以成江海。”如果只是嘴上说说，脑袋里想想，那等于什么都没干。

迷茫只是才华撑不起梦想

也许昨天的你从早上 9 点到下午 5 点都坐在办公室里，并咬着牙下着决心：等着吧，我一定要以最骄傲的姿态离开。再看看今天的你，依旧还是那副模样，你的骄傲在哪里？

也许昨天的你认为自己不适合生活在钢筋水泥铸造的世界中，渴望前往乡村田园，过着与世无争的生活，无论谁说什么，你都会毫不在意地说一句“Who cares”。再看看今天的你，那份洒脱哪里去了，身上的棱角也要被世界磨平了吗？

也许……

不要再追忆你那些似水流年了！那些回忆早就被你描画得失去了原来的颜色。因为，你配不上你当初的梦想。

因为工作上的事情，我认识了在杂志社做编辑的女生菲菲。她已经在杂志社工作 3 年了，依旧会时不时地就被领导训斥。每到这时，她都会发狠地对我说：“再训我，我就跳槽！”

一年过去了，菲菲还是像往常一样，犯些小错误，然后挨训。

等我笑着再问她不辞职了？她嘿嘿一笑，说："机会一到，马上走人。"

某一天，我俩在一块闲聊，我问她："如果你不做设计了，会从事什么行业呢？"

她停顿好久，叹了一口气："如果我知道我能做什么，早就辞职了。我现在迷茫死了。"

"那你没有什么特别想做的事情吗？比如说，你的梦想是什么？"当这句话问出口的时候，我就有点儿后悔了。

她有些不好意思地说："有啊，我想去做导游，不是国内的这种，是带国际团的那种，每年都会去好多地方，特别棒！"

"挺好的啊，为什么不去试试呢？"

她又撅着嘴说："哎，你不知道，我连英语六级都没过，其他的语种就更别提了……"

我笑了笑，点头称是。是啊，这个梦想听上去光彩照人，但实现起来确实有难度。

我接着问："为什么最后选择了做编辑呢？"她立即蔫了，说："本科学的中文，又不想做老师、考公务员，比较之下，还是觉得编辑更适合我。刚开始吧，就把杂志社当成自己的过渡期，等我混的好了，就跳槽去一家大的出版社。可没想到，几年过去了，我不仅没有进步，反而不如刚应聘进来的大学生。作为老职工，整天因为一些芝麻绿豆的小事被批评……你说，我还能做些什么呢？迷茫死了。"

最近她把朋友圈的心情换成了——迷茫死了，什么活在当下啊，如果连自己应该做什么都不知道，你怎么知道现在坚持的就是对的？

说真的，这句话我来回看了好几遍，甚至觉得心痛。曾经，我也曾为工作迷茫过，也对自己所做的事情犹豫不决，并质疑过。但很快，我就度过了这个时期，因为我知道：在大多数情况下，迷茫是生活的常态，并且，迷茫也只是自己无能为力的时候。再直接一点儿，就是才华配不上梦想而已。如果我们有足够的资本，有足够的才华，有足够的底气，又怎么可能迷茫？又怎么可能会出现想辞职却不敢辞职的时候。

与其停留在一个静止的状态，每天都在抱怨和厌倦中度过，还不如为更好的自己做出一点改变，让自己给才华养精蓄锐，在梦想的道路上，狂奔得更快一些，脚踩得更踏实一些。

如果能力有限，才华也不够支撑起你的野心，那就好好扎进小的失败和挫折中，汲取营养。如果不能成为豹子，那就成为一只漂亮高贵的梅花鹿也是好的，起码人见人爱。

可菲菲却不懂得这个道理。在工作不顺利的时候，她除了在朋友圈发个心情来宣泄自己的不满以外，没有任何想要去改变现状的想法。

慢慢地，我才了解到菲菲为什么总是因为一些鸡毛蒜皮的事情被领导训斥，更明白了她为什么总说自己迷茫的原因。

事实上，她不是被领导和其他人否定的，而是被自己否定的。既然想要把做“一个好编辑”作为今后的事业，那就应该从点滴开始，严格要求自己。如果你在工作中吊儿郎当的话，别说合作的作者，就连领导和同事也会讨厌你。到时候，就算你不辞职，领导也是会下“逐客令”的。

曾经，我以为有些人的迷茫是因为没有梦想，后来，我发现我错了，每个人都有着属于自己的梦想，这个梦想可大可小。才华也是一样的道理，它有大有小。有大才华的人连吃个东西都可以吃出学问来，而小才华的人就只能从汗水和辛劳中取得一点点进步。即便如此，每天处在一点点进步之中的人，也绝对不会说迷茫。

朋友们不要迷茫了，把当下的、手头的工作做好、做精，你的才华和能力才会一点点提升。克服迷茫的最好方法，就是抓住现有的生活，狠狠地向前，努力让自己做得更好。我想，如果菲菲能够认真对待每一份稿件，即便她的起点再低，几年时间，也足够让她有一个华丽的转变，而不是像现在一样，整天抱怨生活的艰难和工作的琐碎。

用实力让梦想成真

美国饶舌歌手阿姆的《Lose yourself》中有一段歌词："Look，if you had one shot，or one opportunity，to seize everything you ever wanted...In one moment，would you capture it or just let it slip？（瞧着，如果你拥有一次机会，去完成你曾经梦想拥有的一切，此时此刻，你是抓住它还是仅仅让它溜走？）

我想大多数人都会选择前者，可是……对啊，有很多可是，如，我目前没有时间；我工作太忙；每天的家务都够我忙活的了……不知道大家有没有看过《当幸福来敲门》，男主角最穷困潦倒的时候，在车站的厕所里过夜，他的身上只有20美分。即便是这样，他也从来没有放弃过。

昨天的梦想可能是今天的希望，还可能成为明天的现实。如果你有梦想，就一定要捍卫它。

1928年11月1日，他出生在美国密歇根州底特律市的一个贫民窟里，从孩童时代起，他就有着高远的志向，梦想长大后做一个成功的企业家，从而改变自己和家人的命运，让身边的人过上幸福的好日子。

10岁以后，为了减轻父母的负担，他辍学当报童赚钱以补贴家用。后来，他又先后干过洗碗工、送货员，渐渐对社会的现实状况有了深刻的认识。20岁以后，他开始对当企业家不抱希望，只想能拥有一个小店铺，因为以他的家庭状况和社会背景，想当大老板无异于痴人说梦。30岁以后，他对拥有自己的店铺也毫无想法，因为他做生意亏了本，欠了一身债务，连妻儿的生活费都成了问题。

为了生存，他不断找工作，但是由于学历不高，又患有口吃，他在每个公司都只停留了短暂的时间就被辞退了。他深感绝望，遥想小时候的雄心壮志，不禁暗自苦笑。接连碰壁后，他的梦想萎缩得只剩下有顿饱饭吃这么卑微。夜阑人静的时候，他一根接一根地抽着劣质香烟，苦闷至极。第二天一早，他又到市场上找工作。可惜的是，他转了一天也无人问津，垂头丧气地准备回家。突然，前面有位男子甩手扔掉一张看过的报纸。他捡了起来，想翻翻看有没有招聘信息，招聘信息没找到，报纸中缝里的一则科普信息却令他眼前一亮。

这则小消息是这样写的："跳蚤是世界上最善跳的动物，可以跳到比自己身高高出千百倍的高度。近来科学家做了一个有趣的实验，把跳蚤放在广口瓶中，用透明的盖子盖上。这时跳蚤会跳起来，撞到盖子，而且是一再地撞到盖子。一段时间后，跳蚤会继续跳，但是不再跳到足以撞到盖子的高度。理由很简单，它们已经不自觉地调节到不会撞到盖子的高度。”

他看完这段文字之后，思绪万千，猛然发觉自己和跳蚤很像，而挫折就像瓶盖，当初自己梦想跳得很高，四处碰壁后，就不断地降低目标的高度，以至于最终只习惯于在最低处生活，变得毫无追求。他幡然醒悟，世界上每一个失败的人，不成功的重要原因之一，就是在一次次地遭遇挫折后失去了追求成功的冲动和野心。从那天起，他决定改变自己，找回自己的梦想与目标。

不久以后，他应聘到一家汽车企业当销售员。上班的第一天，他让妻子在自己的胸前用针线织了一个词：第一名！

多年以后，他的胸前仍然保留着这个词：第一名！只不过由针线织的变成了纯金做的。他就是销售大师乔·吉拉德先生！他是《吉尼斯世界纪录大全》收录的世界上最成功的推销员，从1963年至1978年总共推销出13001辆雪佛兰汽车。他连续12年平均每天销售6辆汽车——至今无人能破此纪录，连续12年荣登《吉尼斯世界纪录大全》销售第一宝座，被誉为“世界上最伟大的推销员”。

如果梦想是山顶，理想人生就是登顶之后那片专属而宽广的天空。在生活的大海上缓缓前行的人们，往往没有腾出手脚去真正追逐过梦想。生活中点点滴滴的琐碎，磨掉了他们的青春、热情和梦想，剩下的只是平庸。人生短暂，岂可虚度？若不甘于平庸，那便找回梦想，为梦想而奋斗！找到梦想，就要精进自己，不断地缩短目标距离；这是每天要做的功课，并持之以恒。

起飞前，先得准备好一双翅膀

所谓不要打无准备的仗，你不把“武器”准备好，又怎么能“攻城”成功呢？也许你会说，我再等等，等机会来了，我会做好准备的。可是，当机会来了，再去准备是不是已经晚了？万事俱备，等来东风的情况，也只能出现在《三国演义》的草船借箭中，而现实中，大多是等到万事俱备后再出发。如果你只等待的话，东风是不会来的，或者会来得晚一些。

西方有句谚语：“Waiting for life is waiting for die.”意思就是，等待生命就是等待死亡。

一个理工科硕士男青年，在28岁时认识了一个开4S洗车店的朋友。一来二往的，青年发现洗车行业非常赚钱。于是，青年开始运用机械方面的才能，找了不少资料来看，接着又参考了不少市面上现有的一些洗车设备，最终捣鼓出了一种移动的蒸汽洗车机。

他对自己的成果很是欣慰，不枉自己辛苦做了这么多的努力。紧接着，青年弄了一个网站，读了几本网络营销和加盟之类的书，研究出了一套电话营销的宣传策略。

再后来，青年找了一处两室一厅的房子，买了几台电脑，几部电话，又招聘了几个学生，便开始了自己的创业之路。

刚开始，人们一听到陌生的东西，都是直接拒绝。几个月下来，他一台机器都没有卖出去。更悲催的是，他开始靠借钱度日、给员工发工资。家人很不能理解他的行为，一个硕士为什么要去受这个罪，而不是好好找一份稳定的工作？

经过几年的摸爬滚打，他对蒸汽洗车市场有了更深的了解，不断改进自己的机器，还认识了不少志同道合的人。凭着自己的热情和坚持不懈以及不怕失败的决心，他让自己的事业飞起来了。

对青年来说，他的翅膀就是曾经吃的苦、受到的质疑。随着时间的日益增长，他的翅膀也变得丰腴起来。那么，起飞就不是什么难事了。

在生活中，我们不要总是觉得各个方面的条件都充分了，才能满足飞翔的愿望。事实是，往往机会来了，你飞不起来，因为翅膀还不够丰腴。

世界上，有很多事情都是这样，如果想飞翔，就要经历苦痛；想要追求梦想，就要让自己拥有一对羽翼丰满的翅膀。这就像是破茧成蝶一样。毛毛虫在没有成为蝴蝶以前，经受着一番苦难，要忍得住待在茧子中的孤独寂寞，也要扛得住疼痛。待它做好一切准备工作，就能挣脱厚厚的茧子，飞到空中，成为世间一道美丽的风景。

也许有人会说，我生活无忧，家境殷实，何必去承受破茧成蝶的苦痛？一个人靠着别人的翅膀，就像是让老鹰带着自己去环游世界的乌龟，稍有不慎，就会摔得粉身碎骨。与其受着诸多限制，为何不拥有一双属于自己的翅膀，想去哪儿去哪儿。

总之，梦想需要丰满的翅膀背负。如果想要起飞，就要准备一双翅膀。这双翅膀的名字叫独立，叫坚强，叫实力，叫耐心，叫坚持……现在，看看自己身上有没有翅膀。如果没有，就马上开始准备吧。

梦想不是梦，也不仅仅只是想想而已

对于实现不了的梦想，大多数人都归结现实太残忍，有很多可预见和不可被预见的事情束缚了自己。

18 岁上大学的时候，问你的梦想是什么，你说环游世界。22 岁读完大学的时候，你说先找了工作再说；26 岁工作稳定的时候，你说买了房以后再说；30 岁有车有房的时候，你又说等结婚了就去蜜月旅行；35 岁有了小孩，你的话又变成了小孩大一点再去……最后的最后，你哪儿也没去。

因为这样那样的现实问题，你的梦想一直都没实现。其实，你没实现的原因主要在于：你没有行动力。其实，在这个世界上，我们唯一可以做主的就是对自己的掌控权。只要你想去哪儿，随时可以行动。

大学的某段时间，我很喜欢听舞台剧《暗恋桃花源》的推广曲：许我向你看，每夜梦里我总是向你看。后来，在微博看到有人把这句话给改成了：梦想啊，许我向你看，每夜梦里我总是向你看，看完我还要继续朝你迈进。

一个北京的小伙子想去德国柏林看女友，于是他选择以“搭便车”的旅行方式，历经 1.6 万多公里、13 个国家，穿越亚洲和欧洲，期间遭遇了一些问题，也得到了一些陌生人的帮助。最终，小伙子在柏林的广场上偶遇了女友，并与她紧紧相拥。

这件事不仅被录制成纪录片在旅游卫视播出，还因为这样的特别经历出版了一本书《搭车去柏林》。当一些人佩服小伙子的耐力和毅力，并感慨爱情的伟大时，小伙子说：“有些事，你现在不做，永远也不会去做。”

所以说，当你感慨画家为什么画得那么好时；当你感慨作家为什么能写出令人潸然泪下的作品时；当你感慨优秀的人为什么那么优秀时……我只想说，试着关掉电脑，放下手机，不聊微信，不玩游戏，不上豆瓣、人人，不刷微博，拿起笔和纸或者拿起一本书，认认真真地写，认认真真地看吧。

如果连这种小事都做不到，还谈什么梦想？梦想，不是空想，更不是想想就算了。如果想想就能为自己带来成就，那世界真的就疯狂了。

如果你还是一个敢于做梦的人，或许在那一刻，你就已经不再平庸了。敢于做梦，坚持梦想，心无旁骛、矢志不渝地用汗水和心血去辛勤浇灌，梦想之花定会结出丰硕的果实。要知道，别人嘲笑的永远不是你的梦想，而是你不配拥有梦想。如果你配的话，就拿出实力来啊。

为了过上想象中的生活，你做过什么呢

前几天，我在微博上看到一篇文章，开篇说一对夫妇在北京奋斗了10年，用100万元付了一套房子的首付。接着讲述夫妇俩如何两地分居，如何节衣缩食……最后说，夫妇俩把在老家的父母接来，一家四口终于在偌大的北京城有了一个安身之所。

这篇文章得到了几十万的转载，意外的是，大部分人支持这样的评论："如果我像他们一样过日子，还不如死了呢""我可不愿意让自己这么辛苦"……

当时，我想起朋友给我讲过的故事。

她的一个同学，刚毕业不久，就在家人的支持下在北京五环买了一套房子。随着房价的提升，她2年后卖掉了房子，加上自己的存款，在四环边上买了一套房子。又过了3年，她又卖掉了房子，在三环买了一套房子。当时，她已经结婚了，好多人劝她不要这么折腾，可她却认为"此时不换，更待何时"。后来，她又陆续换了两次房子。在换房子的过程中，她是加了不少钱，

但却毫不费力。每次买房卖房，无不透露了她的精明与勤劳。如今，她已经住到了朝阳区，这套房子的市值是第一套房子的十几倍。

当周围人惊叹她这么有钱时，她其实并没有花多少钱。相比那些想在市中心买房子，平时却花钱大手大脚的人来说，她一步一个脚印地赚钱换房子，要靠谱得多。

也许有人会说，这样过日子太累！可是，如果你不累点儿，不先为生活付出，又怎么能得到回报呢？

难道，你不想过上想象中的生活？你当然会毫不犹豫地回答：想。

在这个世界上，没有白赚的钱，也没有白付出的辛苦。想得到什么，首先要学会付出。

Larry 是一个 10 岁的男孩，非常崇拜飞行员。等他再大些时，这个梦想就在心中扎根发芽了。

18 岁那年，Larry 报考了美国空军学校，可惜因为视力问题没能过关。无奈之下，他把所有的精力转移到地勤考试上。19 岁那年，他顺利地拿到了美国空军地勤学校的录取通知书。即便是地勤，他也很兴奋，因为这至少能和心中的梦想靠近一点。

刚报道没多久，家里就传来了一个噩耗：父亲去世了。于是，他只能选择退学，替代父亲管理一个超市来养活一家。

就这样，Larry 开始了长达十五六年的浑浑噩噩的生活。母亲去世以后，他结束了管理超市的工作，成为一名卡车司机。

做了卡车司机以后，他又开始想起了自己的飞行梦。每天下午 3 点多的时候，只要不开车，他就会躺在后院的一个躺椅上，然后打开一罐啤酒，看着天上飞过的飞机，在蓝天上留下两道白烟，然后慢慢地散去。

他喃喃自语：这是我的梦想，但我再也上不去了。一天天过去，他对梦想的回忆也越来越多。3 年后的一天，Larry 听到有个声音对他自己说：

“Hi Larry，if you have a dream，you have to do something about it.”（嗨，莱瑞，如果你有一个梦想，你总要为它做一些什么）。

但是，一个卡车司机能为梦想做什么呢？

突然，Larry 有了一个疯狂的想法，并开始行动。他从商店里买了许多大的氢气球，然后充上氢气，把它们绑在躺椅上。为了让椅子保持平衡和不让氢气球飞走，他在椅子上加了一些水袋和沙包。

在一个风和日丽的下午，Larry 把躺椅上的 3 条皮带加固，然后坐在躺椅上，准备飞行了。在他的身上，还有一个背包，里面放了一些食物。当然，他还带了一把枪，等飞上天后可以用来打爆气球。一切准备就绪，他拿出一把刀，开始割那根绳子。

嘣的一声，绳子断了，气球带着他飞起来了。可是，令他没有想到的是，气球迅速上升，根本停不下来，他有些害怕了，这根本不是自己想象的啊！原本，他只是想飞起来一会儿，看到高处的城市就立马下降，但是现在……天啊，他已经穿越平流层，到了离地面大约3500米的高空。他慌忙把电台打开，联系航站楼，说：“快救我下来，我正在航道上面！”

航站楼的工作人员听后笑了笑，就挂掉了电台。天知道，又是哪个疯子在开玩笑。很快，过往的飞行员看到了这个被气球吊着的“飞行员”，他们吓了一跳，赶紧联系电台。

Larry 在电台的指导下，用枪把气球按照顺时针的顺序一个个打破，使气球慢慢地降下来。由于下降得很慢，整个过程持续了两个多小时。这真是一次惊险的经历，他简直不敢相信，自己真的做了一次飞行员。当有记者采访这个敢于冒险的“英雄”为什么会这样做时，他说：如果你有一个梦想，总要为它做些什么。

后来，Larry 成了家喻户晓的人物，他的故事影响了很多人，包括电影《飞屋环游记》的编剧。

虽然 Larry 的做法，不是我们能效仿的，但那句话非常有道理：如果你有一个梦想，你总要为它做些什么。我们每个人都应该为梦想，为想象中的生活，付出并努力，这样才有机会让梦成真。

不图虚名，只求实学

虚名只是一种华丽的包装，没有真才实学，能混得了一时，混不了一世。做人应该淡泊一些，甘于寂寞，潜心于工作和事业，只有把个人对于物质以及虚名的欲望压制到最低标准，精神之花才得以最完美地开放。

一个很有学问的中年律师，经过多年的考试，终于获得了“律师资格证书”“律师执业证书”“高级律师助理证书”“高级律师执业证书”等可以证明其高贵身份的证件，他得意扬扬，声称自己并不是徒有虚名，而是有真才实学，可以用知识武装起来的三寸不烂之舌，打赢每一场官司。

有一年的夏天，他利用休假去乡下打猎。他击中了一只小鸟，可惜的是，小鸟落在一户农民家的院子里。

这所院子的墙是用篱笆砌成的，律师一看，这么矮的墙，自己就可以跨进去，所以就没必要通知院子的主人了，于是，他一抬脚便跨进了院内，并迅速捡拾起被他击中的那只小鸟。就在这时，一个老农民开着拖拉机过来了，他就是这户人家的主人。

老农民看见有人进了自家的院子，就警惕地问：“你是干什么的？为什么要私闯民宅？你想干什么？”

律师答道：“我是律师，我击中的一只小鸟掉进了你家的院子，所以我进来取一下，没有别的任何不良意图。”

老农民答道：“这是我的家，未经我的允许你进了我的家，这是私闯民宅，是犯法的，你是律师，难道不明白这个道理吗？”

律师当然明白这个道理，不过听到一个没文化的老农民说起法律，他觉得好笑，于是亮出他随身携带的四张证书，说：“你们这些乡下人，知道不知道我是闻名全国的大律师！凭我对法律的了解，我能把有罪的人无罪释放，无罪的人获罪入牢！如果你不让我取走我的小鸟，我就会起诉你，找个罪名，把你关进牢里！我说到做到！”

“起诉？”老农民笑道，“一听就知道你是一个外乡人，不懂我们这儿有个规矩叫‘踢三下’，还玩什么可笑的起诉！”

律师好奇地问：“什么是‘踢三下’的规矩？”

老农民答道：“比方说，就我们之间的纠纷而言，因为事情发生在我们家里，所以由我先踢你三下，然后再由你踢我三下，接着，我再踢你三下，你也再踢我三下，反复进行，直到其中一人坚持不住宣布服输为止。宣布服输的人自然也就输了官司。”

律师心想：解决官司不用巧舌如簧的诡辩，而用这么愚昧可笑的办法，真是让人大开眼界，我不妨配合一下当地的风俗，反正自己年轻力壮，踢起来也不吃亏，眼前这个上了岁数的老农民，在体力上肯定不是我的对手。

于是，律师没有细细推敲老农民的话语逻辑，便同意入乡随俗，用这个“踢三下”的土规矩解决他们之间的纠纷。

这时，只见老农民爬下拖拉机，走到律师的身边，抬起一脚，踢在律师的膝弯，后者扑通一声跪倒在地。他第二脚踢在律师的腹部，差点儿让律师上一顿吃的东西全都吐了出来。他第三脚踢在律师的屁股上，律师趴在地上，脸正好与地上的一坨牛粪亲密接触。

律师挣扎着从地上爬了起来，用袖子擦了擦脸，恶狠狠地说：“等着吧，老东西，现在该我了！”

老农民笑了，说：“哦，不，我的力气都用光了，我服输了，你可以取走你的小鸟了。你赢了，恭喜你了，才华横溢的大律师！”

这位被打得鼻青脸肿的大律师，呆呆地愣在那儿。怎么也想不明白，自己这一肚子的学问和随身携带的数张资格证书，在这里却毫无用武之地。

“墙上芦苇，头重脚轻根底浅；山间竹笋，嘴尖皮厚腹中空。”这副对联对于那些徒有虚名并无真才实学的人，真是入木三分、栩栩如生。

有时候图个虚名，似乎很管用！然而，一个人其实最大的名，就是拥有真才实学和良好品质！这份坦然，是任何虚名都无法替代的。

别在
吃苦的年纪
选择安逸

第四章

你荒废的时间会有多少人用来拼命

每个人的生命只有一次，同样的一天 24 小时。

如果让今天白白流失，那就相当于毁掉了人生最重要的一页。

时间都去哪儿了

前不久，一首《时间都去哪儿了》红遍大江南北，歌词朴实细腻，触动着万千听众的心。

门前老树长新芽
院里枯木又开花
半生存了好多话
藏进了满头白发

记忆中的小脚丫
肉嘟嘟的小嘴巴
一生把爱交给他
只为那一声爸妈

时间都去哪儿了

还没好好感受年轻就老了
生儿养女一辈子
满脑子都是孩子哭了笑了

时间都去哪儿了
还没好好看看你眼睛就花了
柴米油盐半辈子
转眼就只剩下满脸的皱纹了

记忆中的小脚丫
肉嘟嘟的小嘴巴
一生把爱交给他
只为那一声爸妈

时间都去哪儿了
还没好好感受年轻就老了
生儿养女一辈子
满脑子都是孩子哭了笑了

时间都去哪儿了
还没好好看看你眼睛就花了
柴米油盐半辈子
转眼就只剩下满脸的皱纹了

从歌词中，我们可以看出作者对父母浓浓的爱以及对亲人变老的不舍、愧疚。再联想一下自己平时如何对父母，真是眼泪在眼眶中打转。

时间都去哪儿了？时间都流逝在我们对时尚、对所谓梦想、对吃喝玩乐的追求中了；时间都去哪儿了？时间都流逝在我们对金钱、权力的追逐中了。

还记得每次父母给我们打电话时，我们都说了些什么吗？学习忙、工作忙……在聚会、在开会……我们总有说不完的理由，来敷衍父母对我们的爱。

可是，我们的“忙”让我们得到了什么呢？大多数人，依旧还是一个个普普通通的工作人员。请一次假，回一次家，又能占据我们多少时间呢？只是为了那些虚荣的名誉和对金钱的欲望，摒弃了父母对我们一次又一次回家的期盼。

其实，除了对父母的爱，我们被时间带走的还有很多，有的是爱情，有的是家庭，有的是工作……

安安是一家广告公司的负责人，平时的工作非常忙，每天除了拜访客户之外，就是做一些广告文案，还要兼顾一些其他的杂事。由于工作的不规律性，安安每天都忙得要命，很多安排好的计划常常被打乱。见客户、写文案、做饭是她每天必做的3件事，虽然忙得够呛，但是她的效率并不是很高。

“五一”小长假期间，安安给自己订了一堆的计划：每天早起晨练；上午读英文和画画；下午看书，找一些工作中会用到的资料；晚上坚决不去碰 iPad，不玩手机。

等开始实施的时候，她发现时间就这么过去了。7点半，她准时起床，本来想去晨练的，但一想到好不容易放假了，应该多眯一会儿。等再睁开眼的时候，已经是10点多了。她想，反正已经这么晚了，晨练就算了。然后，她开始洗漱，打扫……等肚子咕噜噜叫的时候，已经是下午2点多了。

“天啊！时间怎么过得这么快啊！我还没做什么呢……”

像安安这样的情况，我遇到过不止一次，相信也有不少朋友遇到过。其实，这是一种拖延！当我们以为时间还多的时候，时间已经悄悄溜走了。

在平时，除了完不成原定的计划，最可气的就是工作期间开小差了。比如：当上司交给我们一件事情的时候，我们刚开始会信心满满。过了一会儿，就开始有偷懒的念头；当朋友发条信息，就忍不住回复，然后一聊一上午；当朋友与你分享什么地方的美食，就忍不住与其讨论哪儿哪儿的东西好吃；当换季时，不想去商场逛街浪费时间，就去浏览一下网上超市、商店，结果网购的时间大大超过去逛街的时间。等上司开始问你工作进度时，你才支支吾吾说不出话……

时间都去哪儿了？

时间，都被你一点点浪费掉了。

在平时，当我们形容时间过得快时，就会用“一眨眼的工夫”或“光阴荏苒，岁月如梭”。可是，在你虚度时间，又感慨时间少的时候，不要忘记，在你不知道的地方，有无数人在努力奋斗着；不要忘记，与其感慨不如珍惜时间。相信大家都听过关于寒号鸟的故事——“明日复明日，明日何其多……”，时间是不会在原地等我们的，它只会在你不知不觉中流逝。

朋友们，我们还有许许多多的事情要做，或零碎或重要。我们不能把状态留在昨天，不应该在今天去感慨昨天，更不应该在沉溺于昨天。我们应该做的，是如何对待今天，如何对待明天。

如果你实施了计划，就按照计划执行，这不仅仅是行动力的问题，也是对时间的把握。如果你在某个周末想要读一本书，那就去读，这不仅仅是看文字，而是对文学、对知识的汲取，等时间长了，你的坚持就会有“腹有诗书气自华”的完美呈现。要知道，一个有智慧的人，不是悔悟昨天，而是抓紧今天，创造明天。

假如明天是生命中的最后一天

还记得玛雅人预言的2012年世界末日吗？现在想起来，仍旧记忆犹新。当然，世界末日没有来临，人类也没有从这个世界上消失。可是，倘若生命真的只剩下了一天，我会做什么，应该做什么？

我认真地思考了一下，好像要做的事情还有很多。比如：在最后一天，我一定会挨个给亲人和好友打电话，说我有多么爱他们，以前不敢开口说“我爱你”，此时一定就跟“你好”“再见”一样轻而易举地说出来；在最后一天，我一定会点自己最爱吃的食物，好好享用；在最后一天，我不会乘坐任何交通工具，只想静静地看一下生活了几十年的城市；在最后一天，我一定会来到父母的身边，与他们手握着手，静静度过；在最后一天，如果是工作日，我一定会站好最后一班岗……

对于这个问题，美国作家奥格·曼狄诺这样说：

假如今天，是我生命中的最后一天，我想再爬一次山。让我再看一看，那如海的苍山。就让我在山的怀抱中入睡，不再醒来。

假如今天，是我生命中的最后一天，我想再出一次海。让我再望一望，那泣血的残阳。就让我沉入海的心中，醉了一样。

假如今天，是我生命中的最后一天，我想再写一篇文字，让我来告诉你，我到底有多傻。满纸荒唐言，一把辛酸泪。

假如今天，是我生命中的最后一天，我想再饮一壶绿茶，把五脏六腑清洗，让我干净地离去；我想再燃一炷香，让它做我灵魂的导引。

假如今天，是我生命中的最后一天，我想再看一眼我的父母，远远的，用目光抚摩他们的发丝，轻柔地亲吻他们的额头，那时，我是一个透明的天使。

假如今天，是我生命中的最后一天，我想再陪一陪我的孩子，亲一亲他的脸蛋，再陪他做一晚必需的功课，做一个有趣的游戏，讲一个关于勇气和坚强的故事，一直陪到他的梦里去。

这么看来，一天的时间根本不够用……与其感慨时间太短，我们不如改变一下自己，让自己在有限的时间里做更多有意义的事情。

朋友们，不要再想着“从明天起要做一个幸福的人”，而是要从现在起，做一个幸福的人，过有意义的人生。

当父母给你打电话了，不要总是以忙为借口；如果在异地工作，多给父母打个电话，告诉他们注意身体，想吃什么就吃，想买什么就买，别太委屈自己。

当身体出现不适，一定要重视起来，定期运动健身。记住：身体才是革命的本钱；当闲下来的时候，多给好友打个电话，促进一下感情。不要等到用人的时候，才想起有那么个朋友；当工作中有什么问题，一定要及时问别人，这样才能进步。如果有什么问题，不及时解决，一直堆积的话，那以后的问题会更多；不要总泡在网上，聊QQ、聊微信、刷微博，不要把时间浪费在拖延上。应该把大量的精力放在更有意义的事情上，比如：看书、写字等，这样才能陶冶情操，多学些知识。

每个人的生命只有一次，同样地一天24小时。如果让今天白白流失，那就相当于毁掉了人生最重要的一页。一个人的生命无论长与短，对于整个世界，对于人类历史长河来说，都是异常渺小的。我们无论身陷何种境地，或承受着多少痛苦的折磨，只要我们能够心怀希望与勇气，坦然迎接命运的挑战，那么我们就会给生命留下一抹绚丽的色彩！

谁都愿意和准时的人做朋友

守时是一种礼貌，更是职业道德的一个基本要求。试想一下，如果一个刚刚毕业的大学生面试迟到了，那么不管你为自己如何辩解，面试官都会把你看作是缺乏自我管理和约束能力，也就是缺乏职业化素养，从而面试失败。也许你会说“我平时根本不是这样的，我的时间观念很强的”。很抱歉，没人愿意去听这些话。

前几天，我在团购上买了一个蛋糕，约好下午 5 点钟送达，可是我等到 5 点半，送蛋糕的还没有来，但我马上要出门了，就跟送蛋糕的人联系说换个地址，直接送到饭店吧。饭店的地址离蛋糕店不远。等我到了，送蛋糕的人依旧没有来。我再次打了个电话，问蛋糕为什么还不送过来时，对方说马上就好。我问马上是多久？他支支吾吾说，等我到了给你打电话吧。我一下子怒火冲天，指责了他，并说不用送了，我会申请退款。

5 点钟送到的蛋糕，迟到一个小时就算了，还不确定什么时候能做好？这简直是对工作的不认真，对客户的不负责，好在一起吃饭的朋友里有买蛋糕的，我定了一个KTV包间，不然真的是对朋友愧疚了。

其实，在不着急的情况下，我是不会在意几分钟的，但是倘若你着急了，一分钟的等待都是煎熬。

德国哲学家伊曼纽尔·康德就是一个十分守时的人。1779年，康德想要去珀芬小镇拜访他的一位老朋友威廉先生。于是，他写了信给威廉，说自己将会在3月5日上午11点钟之前到达那里。威廉回信表示热烈的欢迎。

3月4日，康德就到达了珀芬小镇，为了能够在约定的时间到达威廉先生那里，他第二天一早就租了一辆马车赶往威廉先生的家。

威廉先生住在一个离小镇几十公里远的农场里。小镇与农场之间，隔着一条河。康德需要从桥上穿过去。但马车来到河边时，车夫停了下来，对车上的康德说："先生，对不起，我们过不了河了，桥坏了，再往前走很危险。"

康德只好从马车上下来，看看从中间断裂的桥，他知道确实不能走了。此时正是初春时节，河虽然不宽，但河水很深。康德看看时间，已经10点多了，他焦急地问："附近还有没有别的桥？"

车夫说："有的，先生。在上游的地方还有一座桥，离这里大概有10公里。"

康德问："如果我们从那座桥上过去，以平常的速度多长时间能够到达农场？"

“最快也得 40 分钟。”车夫回答。这样康德先生就赶不上约好的时间了。

于是，康德跑到附近的一座破旧的农舍旁边，对农妇说：“请问您这间房子肯不肯出售？”

农妇听了他的话，很吃惊地问：“我的房子又破又旧，而且地段也不好，你买这座房子干什么？”

康德说：“你不用管我有什么用，你只要告诉我你愿不愿意卖？”

“当然愿意，200 法郎就可以。”农妇兴奋地说。

康德先生毫不犹豫地付了钱，对农妇说：“如果您能够从房子上拆一些木头，在 20 分钟内修好这座桥，我就把房子还给你。”农妇再次感到吃惊，但还是把自己的儿子叫来，及时修好了那座桥。

马车终于平安地过了桥。10 点 50 分的时候，康德准时来到了老朋友威廉的房门前。一直等候在门口的老朋友看到康德，大笑着说：“亲爱的朋友，你还像原来一样准时啊。”

康德和老朋友度过了一段快乐的时光，但是他对于为了准时过桥而买下房子、拆下木头修桥的过程却丝毫没有提及。后来，威廉先生还是从那位农妇那里知道了这件事，他专门写信给康德说：老朋友之间的约会大可不必如此煞费苦心，即使晚一些也是可以原谅的，更何况是遇到了意外呢。但是康德却坚持认为守时是必需的，不管是对老朋友还是陌生人。

守时是一种美德。懂得珍惜时间的人，不仅仅要注意不浪费自己的时间，也要时时注意不能够浪费别人的时间。管理好自己的时间，就是让自己无论在做什么事的时候都能够轻松应对、游刃有余。一个守时的人，必将获得别人的尊重。

做一个守时的人，在得到别人尊重的同时，也会给别人一个好印象。在不同的场合，我们也要记住：拜会、会见、会谈等活动应正点准时到达；参加招待会、宴会，可正点到达或略迟二三分钟；对于特别正式、隆重的大型宴会千万不能迟到；参加会议或出席文艺晚会等，应提前到达。对于时间的把握，一定要给自己预留出一个较大的空间，因为会有太多意外，搭车会迟，等电梯也会迟，所以时间一定要准备充分。

人们不是经常在嘴上挂着这样的一句话吗——时间就是金钱，时间就是生命。可见，时间的重要性。既然时间如此宝贵，那么守时就显得更加重要了。如果你真的做不到守时，不妨买一块手表，时时刻刻提醒自己时间。

时间长了，时间观念自然会提升一些了。总之，诚实守信是一种美好的品德，更是做人的基本原则。

你可以停下脚步，但时间不会等你

经常听人说：“时间不等人，有些事情现在不做，就再也没有机会做了。”作家鲁迅曾经说过：“浪费自己的时间等于慢性自杀，浪费别人的时间等于谋财害命。”由此可见，时间的宝贵性。

就连《西游记》也在告诉我们这个道理，当一些妖魔鬼怪抓到唐僧时，小妖们就会一个个凑上前去问：“大王，咱们什么时候吃唐僧肉啊？”大王说：“不急……”最终，他们不仅没有吃到唐僧肉，还被孙悟空打死。这真是一个悲伤的故事。可在我们的生活中，到处都是些悲伤的故事。

我有一个同事，性格内向，别说主动去联系客户，就连同事们之间沟通，他的声音都很小，就像蚊子哼哼。

一次，上司为了锻炼他，决定让他去给客户打电话，邀请客户参加公司的周年庆。

同事接过任务后，就开始纠结。他犹豫着，徘徊着，设想不下10种的可能，比如：客户正在忙；客户拒绝了他；客户没有及时接到他的电话；客户正在因为一些事生气，如果撞到枪口……

就这样，他整整想了一个下午，当他做好一切准备，深吸一口气，拨出第一个电话号码时，话筒里说道："对不起，您拨打的电话暂时无法接通……"

他有些庆幸：太好了，如果所有人都是无法接通就好了，这样我就不用跟他们沟通了。

在接下来的电话中，有的拒绝、有的占线、有的关机，还有的无法接通。第二天，上司问他通知得怎么样了。他如实汇报。

上司无奈地说："那你就继续打！直到打通为止！"

"哦。"他淡淡地回应。

等他走后，上司摇了摇头，又叫秘书挨个通知。如果把希望都寄托在他身上，那周年庆来的人就太少了……一直到我离职，同事还是没有丝毫的变化。

同事这种"停下脚步"，无非就是在掩饰自己的紧张，逃避与人沟通的尴尬感。可是，你现在浪费了时间，就得以后拿时间来填补，时间可是不等人的。等你真的打通电话邀请客户，客户还不一定有时间呢。

拖延时间不仅会延误工作，也会失去机会。

就像是梦想，现在不去实现，以后实现的机会就渺茫了，因为你还要花费大量的时间来坚持梦想。

亲爱的朋友，每个人的每一天都是24小时，为什么有的人就在这一天天里为自己铺好了成功的路，而有的人却在这一天天里毫无收获，关键就在于你怎么使用时间——尽量不要去做那些浪费时间的事，这才会成为你和别人的差别所在。

“蜀地传说”是一个餐厅的名字，目前在全国各地开了七八家店，老板是毕业于上海戏剧学院表演系的任泉，主演过《少年包青天》《都是天使惹的祸》等影视作品，他的目标是开20家分店。大学刚毕业时，他在朋友家吃到过一次“辣鱼”，很是喜欢，于是便开始筹划着自己开一家餐厅。刚开始，他的店里就几张桌子，几把椅子，慢慢才形成了规模。

谈到创业经验时，任泉坚定地说，只有一点，有想法就马上去做，不要拖，不要想太多。

是啊，如果总是给自己借口“没有时间做”“以后再做”，那以后也不一定会做。做事情，就应该像任泉这样，想到就立马行动。

除了拖延，能够让我们停下脚步，浪费时间的事情有很多，你看看以下罗列出的表现有没有你：

一找到机会就向别人抱怨。

在高峰时间上下班。如果换到其他时间点，也许就不会那么堵。

八卦生活，八卦同事，八卦领导，八卦明星。

别人一让你帮忙，就立马停下自己手中的工作。

看电视，看韩剧……

优柔寡断，做什么都想要别人给你意见。

用大量的时间来玩游戏。

喜欢在别人面前说空话，却从来什么都不做。

参加没必要的学习会议、同学聚会。

煲电话粥。

喜欢去论坛之类的地方，跟别人互传小纸条。

……

有时，浪费时间与否，关键不在于你做什么，而在于你不该做什么。每个人从出生那一刻就已经开始在和时间赛跑了，人都说时间跑得实在太快了，怎么追也追不上。其实呢，是你跑得太慢了。看看小时候和你一起长大的好朋友和好同学，只有这样比较，你才能分辨这些年你是否一直在努力。

如日久才能见人心一般，时间也是如此。看了龟兔赛跑，才明白聪明和笨并非成功的参考条件，只有恒心以及期待改变的状态，再加上对时间的掌控才能赢得人生这盘棋。

活在“一个完全独立的今天里”

每次出行，我一心就想着快点儿到达目的地，忽略了身边的美景。直到有一次，遇到一对年老的夫妇，我才发现路上的风景也是不该错过的。

这对夫妇平均年龄 75 岁，结婚 50 年。为了让父母过个有意义的金婚，子女给两位老人报了旅行团。一路上，老人都在讲自己的故事，其他旅客也听得津津有味。

老爷子动情地说：“结婚这么多年，从来没带她看过什么风景，吃过什么美食，这是我最大的遗憾。”老太太两眼冒泪花，笑着说：“这老头子，说这些干什么。”

“要不是……哎，不说这些了。虽然现在年纪大了，但我们也应该把握最后的这几年。”老爷子继续说道。我不知道他们经历过什么，但他说的“把握”让我深有感触。他们年纪大了，说难听点儿，能活一年是一年，可他们能把握时间，趁着自己还活着的时候多转转，这才是真正意义的旅行。

未来还很长，我们还很年轻，连年迈的人都懂得去把握现在，拥有现在，我们有什么理由去忽略现在呢？

在生活中，听过不少人说“以后，我要怎么样”“以后，我一定会怎么样”……可是，你不从现在做起，又怎么能有以后，有未来。人生这条路，看似长远却又很短暂。浪漫主义诗人珀西·比希·雪莱曾经说过：“过去属于死神，未来属于自己。”无论过去你的人生是轰轰烈烈还是平平凡凡，都不重要了，况且，我们不是时光老人，可以穿梭时空；我们更不是外星人，可以预见未来。我们能做的就是：把握现在！这样才能把握未来的方向盘。

英国蒙特瑞综合医科的一名学生，总是看不到未来的希望。在他的生活中，永远都是焦虑，是茫然，他还经常担心自己通不过考试，不知道自己该做些什么事情。只要一睁开眼睛，他看到的都是对生活的绝望。可是，他考试并没有挂科过，更没有遇到过什么艰难的事情。

1871年春天，这位学生读了一本书，书中的话让他茅塞顿开：最重要的就是不要去看远方模糊的风景，而是做手边清楚的事情。

这句话让他一下子找到了生活的希望，他从来不知道，生活是这么值得期待的。他开始抓住眼前的一切，让自己的命运发生了改变。

后来，他创建了全世界知名的约翰·霍普金斯大学，成为牛津大学医学院的教授。这简直是一个人生的逆袭！在事业上，他不仅获得了最高荣誉，还被英国国王册封为爵士。

几十年后，他在耶鲁大学开了一场演讲会。在演讲中，他说道："别人总说，我一定有一个异于常人的脑袋，不是的。熟悉我的好朋友都知道，我的脑袋再普通不过了。那么我成功的秘诀是什么呢？我认为是因为我活在'一个完全独立的今天里'。"

"'一个完全独立的今天里'是什么意思呢？"有学生举手提问。

他笑笑继续说道："人生好比是一艘海轮，当然，人生要比海轮精美得多。这艘海轮的航程有多远？我不知道，也许每个人的航程都不一样，如果你活得久的话。在这里，我要劝告各位的是，你们要学着去控制好舵，这才是活在'一个完全独立的今天里'确保安全的最好方法。此外，你们还需要明白，要把昨日关在门外，让未来走在今天。"

难道说，他的意思是我们不应该为明天而努力？绝对不是这样。他要说的是，为明天准备的最好办法，就是要把握今天，把今天做得尽善尽美。

在他死后，后人用长达 1460 页的两卷书，记录了他的一生。

这个人到底是谁呢？他就是威廉·奥斯勒。

活在今天或许是很多人时常挂在嘴边安慰自己的话，但它也是最经典的至理名言。也许，你现在还不觉得它的重要性，但总有一天，你会幡然醒悟，好好抓住今天的一切。

人，可以去为过去活着，也可以为今天活着，但却不可以为未来活着。至于未来是什么，未来要准备些什么，未来会把你怎么样，这些都是到了眼前才会知道的东西。

俗话说得好："计划赶不上变化快。"在生活中，我们常常会遇到这样的事情，就是明明计划得详略得当，却因为一件小事情或外在因素搅乱了计划，然后又不得不重新安排计划。此时，我们是不是应该反思一下：我们是不是想太多了？曾经在某本书里看到一句话："一个人只有做好眼前的每一件事情，才能做好更多的事情。"如果一直不能将精力集中在一件事上，那就很难将这件事情做好。

某天，一个寺庙里来了一个小和尚，方丈就把砍柴、挑水的工作分配给了他。小和尚在心里嘀咕道：我是来领悟佛家之道的，怎么让我净做些杂活……不过出于羞涩和对方丈的尊重，小和尚什么话也没说。

一开始，小和尚认为自己干上一两个月就够了，可没想到这一干就是两年。在这两年里，他没有去过一次禅房学习过，更别说什么领悟佛家之道了。

终于有一天，小和尚忍不住了，他气愤地找到方丈说："我是来领悟佛家哲学的，又不是来干杂活的。干杂活就算了，你还让我干了两年，干两年也就算了，但你从来都没教授过我什么东西！这种跟佛毫不相关的杂活，我再也不干了！"

小和尚一口气说完，小脸憋得通红。方丈和蔼地笑着说："你连一些小事都做不好，我又怎么能指望你去领悟佛学？眼前的事情都做不好，又怎么奢求未来去做大事？孩子，好高骛远是不能有的。"

说完，方丈迈着缓慢的步子离开了。走的时候，他还不忘记把禅房的门关上。小和尚瞬间醒悟，是啊，眼前的事情都做不好，又怎么能做其他事情呢。就像方丈一样，随手关门已经变成一种习惯，这种习惯如果不是做得多了，又怎么能如此自然。

从那以后，小和尚再也没有抱怨，而是勤勤恳恳地做好眼前的每一件事。几年以后，他成了一个名扬四海的高僧。

在生活中，我们也会像小和尚一样，做什么事情都想着顾全大局，却忽略了最重要的细节方面。所谓水能载舟亦能覆舟，小细节往往决定了事情的顺利与否。

我国明代大学士文嘉写的《今日诗》有云：“今日复今日，今日何其少！今日又不为，此事何其了？人生百年几今日，今日不为真可惜！若言姑待明朝至，明朝又有明朝事。为君聊赋今日诗，努力请从今日始。”所以说，不要只看着未来，要多看看眼前。当然，这并不是说不去计划未来，而是不去为虚无缥缈的未来浪费时间、精力和生命。

别让我们的今天白白浪费，别让我们的今天不如昨天。不管你现在正在做什么，从事什么职业，好好把握今天吧。做好手里的工作也好，陪家人吃顿饭也罢，不要虚度今天。

只有活在今天，才能为成就未来多一分希望。

从平凡变超凡，只有一万小时的距离

在《异数》一书中，加拿大畅销书作家麦尔坎·葛拉威尔曾经提到：“人们眼中的天才之所以卓越非凡，并不是说天资超人，而是付出了超过他人的不懈努力。其实，任何人只要经过 1 万小时的锤炼，都能从平凡变成超凡。”

这就是著名的“一万小时定律”。一万小时是什么概念？简单来说，就是你对某个爱好或工作每天进行 3 个小时的练习或提升，持续 10 年。

有个匈牙利心理学家也很相信“一万小时定律”，他相信只要方法得当，每一个人都可以成为一个超凡的人。为了证明自己的设想，他给家人选择了国际象棋的项目。多年以后，他的 3 个女儿都成了了不起的国际象棋大师。这 3 姐妹，就是著名的波尔加三姐妹。事实上，三姐妹并不喜欢国际象棋。而这，也正是匈牙利心理学家想要的结果。因为，一个人即便是对某个领域不感兴趣，但只要你经过 1 万小时的训练和坚持，也一定会成为某个领域中的佼佼者。

在过去，由于传统观念的问题，人们总是崇尚一个“苦”字，冬练三九夏练三伏，甚至是头悬梁锥刺股。而现在，人们对“苦”的理解有了大不一样的想法。这就好比“一万小时定律”，只需要坚持下去就好，而不是让自己的身心“受罪”。

我的上司星姐，绝对是一个超凡的女人。论能力，她也许不是最高的，但她的那种一如既往的坚持，让我们不得不佩服。

无论上班有多么辛苦，星姐总会在下班后抽出两个小时去读书、写感想。到现在，她已经坚持了 7 年。7 年里，星姐出版了 4 本书，并在微博、公众号等平台俘获了几十万粉丝。

星姐用亲身经历演绎了“一万小时定律”。但在生活中，能像星姐这样把一件事情坚持做到一万小时的人，少之又少。

多年以前，当我还在读大学的时候，整天只有上课、去图书馆，热衷于参加各种社团。刚开始的那 2 年，不仅没有一个具体的方向性目标，而且从未想过对未来日子的规划。直到大四确定考研究生时，才真正去分配现有的时间，安排每天需要做的事情。

直到现在，我还清楚地记得那个计划。

从 6：30 到 23：00，每一个时间段都有不同的需要学习的科目。比如，6：00 起床，6：30 ～ 7：30 背 1 个小时的单词，剩下的时间用来学习数学。吃过午饭后，会利用 1 个小时阅读比较感兴趣的书籍。剩下的时间用来学习英语，晚上则对这一天的学习进行总结和反思。

有了详细的计划后，我就开始严格执行。几个月后，我的考研成绩名列前茅。在之后的很多年里，虽然我也一直按照这种方式去做事情，但总是达不到考研时的那种状态，现在想想，那时候的自己真的太超凡了，一天能保持 12 个小时以上的高效学习时间。

如今的我，除了工作外，也会充分利用好每天的时间，去做一些自己感兴趣的事情，比如，每周两次健身。闲时，会研究一些大 V 的文章，学习些公众号运营推广的方案，写写文章。周末，我会看一些自己感兴趣的书籍。不管怎么，我承认自己比以前懒惰了，但可以肯定的是，从平凡变超凡，真的就只有不断坚持而已。

俗话说得好："世上无难事，只要肯登攀。"即便每个人的外在条件有着不同程度的相差，也同样能够取得成功。

在这个梦想泛滥的年代里，经常被各种梦想的心灵鸡汤滋养，经常看别人的励志故事……但与此同时，我们应该也让自己变得强大一些。与其做别人梦想的看客，不如把细细碎碎的时间攒起来，用来投资自己的梦想。

当然，这个时间会长一点，也许是 1 万小时，也许是 2 万小时。但不管怎么样，只要能坚持到一定的时间，就完全有可能把某件事或在某个领域做到极致。说不定，你还会有一些意外的收获呢。

开始全力以赴的旅程

上学的时候，老师教导我们“要用心学习”；毕业的时候，父母嘱咐我们“要用心做事”；工作后，上司和同事告诫我们“要注意细节”……无论从他们的言语中还是眼神中，都能看到他们对我们的寄予厚望和对全力以赴的督促。

有人说，在 21 世纪，人们已经不是在用心做事了，而是在用肝、用肺。如果你还没有在用心，那危机随时都会发生。

在美国宾夕法尼亚的奥斯汀镇，由于负责筑堤工程的承建者没有按照事先的设计去筑石基，结果导致堤岸崩溃，瞬间全镇被淹没，死伤无数。

诸如此类的悲剧事件，总会不时地在我们的身边发生。而导致这一切的原因，并不是工程的难度或者其他技术难题，而仅仅只是一时的疏忽、敷衍，这从根本上体现出人们只是“用手”做事，而不是“用心”做事。

一位技术精湛的老木匠准备退休，想回家与妻子儿女共享天伦之乐。老板舍不得他走，但他的年纪确实大了。不过在临走之前，老板希望他再建造一座房子，老木匠欣然同意。

在后来建造房子的过程中，大家都看得出来，老木匠已经无法用心工作了，只想早一点回家与家人团聚。

房子建好后，老板把房门的钥匙递给了老木匠："这是给你的房子！就当是我送给你的退休礼物。"

顿时，老木匠羞愧得无地自容。

天啊，这是自己的房子啊！这是一座粗制滥造的房子，老木匠悔得肠子都青了。

生活中，像老木匠这样的人还少吗？他们漫不经心地"建造"自己的生活，凡事不肯用心，在关键时刻也不能尽自己最大努力。等醒悟时，早已深困在自己建造的"房子"里了。以老木匠为警戒吧。

任何工作，只要用心去做，就没有做不成、干不好的。用心工作，用心生活，用心对待朋友，用心处理生活中每一个小的环节……当你用心了，你会发现，你身边的每一件事都变得有意义，变得很美好！

看到老木匠的故事，你有没有联想到自己。曾经，你也为"房子"全力以赴过，只是你没有坚持到最后，因为你要考虑现实，考虑家人对你的期望，担心自己太自私……于是，你没有成功。

放眼望去，那些所谓的成功人士，有哪个没有过全力以赴的故事，做过所谓"自私"的事情？他们之所以能够成功，就是能够做别人不敢想，做别人不敢坚持做的事情。并且，他们深刻地明白：只有先对自己负责，才能对别人负责。

这个道理很简单，但很多人却一直“糊涂”着。

我有一个表妹，叫露露，她在一家国际贸易公司上班。每次家庭聚会时，她都会对着我们这一圈儿兄弟姐妹说：“我的老板一点儿也不好，从来不会把我放在眼里，每次开会、聚会都无视我的存在……令人难受的是，他只有在需要人跑腿，送个文件时，才会想到我！啊……我真是个被埋没的人才啊！知道吗，这样的工作一点儿意思都没有。”

有个稍微年长些的姐姐问她：“那你对所在公司的业务了解吗？”

“了解什么啊？不就是卖东西吗？我才不想要去了解呢。”

这位姐姐没有说话了。另外一个哥哥说：“我倒是有个工作推荐给你，不过，你既然要走，也得走得有所值。”

“什么意思？”

“你想啊，如果你把公司的贸易技巧、商业文书和公司的运营搞通，以及如何修理复印机之类的东西都学会，然后再辞职不干，那不就是学有所成吗？”

“嗯，说得有道理。”表妹表示赞同。是啊，工作这么久了，也不能白白辞职啊。于是，从那以后，表妹拿出一副任何事情都全力以赴的劲头。一个多月过去了，表妹兴奋地告诉我们：“哥哥姐姐们，我涨工资了。”

不论什么事情，我们首先要做的是从自己身上找原因。如果老板不重视你，也许是你的能力不足。如果你能意识到这个问题，不断提升自己，那老板自然会对你刮目相看了。

总之，只有全力以赴、尽职尽责地做好自己手头上的工作，才能使自我的价值渐渐地提升。所以说，在每天结束工作或结束学习时，都需要问一问自己：今天，你全力以赴了吗？

选择“太多”还是无法选择

从一出生起，我们就面临着各种各样的选择，小到一日三餐，大到金榜题名、洞房花烛。可以说，正是你的无数选择，才造就了你。

如果说，你能回到过去，对某件事做一个新的选择，也许今天的你就是另一番模样了。不管怎么样，人是无法回到过去的，因为在今天或明天，还有很多的选择等着你去做。

比如，当你去超市想要买一管牙膏时，你就会被琳琅满目的产品绕晕了头：不同的牙膏口味针对不同人群的清洁要求；不同的售价针对不同人群的消费水平；不同的颜色针对不同性别、不同年龄的人群……还没等你选好，你就已经手足无措了。

社会科学家Barry Schwartz认为：商品选择和信息过多会让人有一种错觉，就是误认为选错带来的风险会很高，但实际上，选择的对错，合适不合适并没有想象中的那么糟糕。Barry Schwartz认为，人们之所以如此，是信息过度的结果。

Barry Schwartz 也指出，互联网让这种情况变得更加糟糕。简单来说，你想去搜索一些东西，可搜索的网页搜到成千上万个结果，因此，我们不得不费力地从大量的搜索结果中找到需要的页面。

美国加州的德雷格尔市场曾做过一个实验。

在“销售大厅”中，他们有时摆放 24 种果酱，有时只摆放 6 种果酱。经过一段时间的数据分析，得出一个结论：当“销售大厅”摆放了 24 种果酱时，走进来的购物者人数比摆放 6 种果酱时高出 50%，可是 100 个人走进“销售大厅”，购买果酱的人只有 3 人。而摆放 6 种果酱时，却有 15 个人购买。

实验结果真是令人诧异！究竟是什么原因呢？

心理学家是这样说的：当人们面对选择的数量越多时，越不容易去选择，因为会过于担心自己的选择不是最好的。相反，当选择的数量越是有限时，人们的心态反而会比较坦然，选择也就变得轻松自然了。

的确，生活在一个“各种选择”的世界，我们不得不进行选择。而心理学家又说：太多的选择，等于没有选择。

打个比方，当你面前只有一条道路的时候，也许你会一直向前走，不会回头。可当你面前有多条道路时，你会选择走哪条路呢？这个时候，就看运气和顺其自然地态度了，哪条路能通到终点，你不知道，你唯一能做的，就是选择。

Barry Schwartz 说，通常人们悔恨最多的是分析对比每个微小信息所花费的时间，这会导致人产生挫折感和疲劳感，甚至会影响到一个人的决策能力。

随着时代的发展，大量的数据库诞生，物品的职能不断细化……这让我们不得不花一定的精力来了解自己的选择，从而来更好地选择物品，因此来满足自己的需要。

除了购物以外，吃饭也是一个折磨人的事儿。相信不少人都有过这样的经历，每当快中午的时候就不知道吃什么，看着外卖传单苦恼，有的人会给朋友发信息问“今天你吃什么”，然后再根据对方选的来选择。有的人会想吃这个，吃那个，选了快半个小时，还是没有选择好……

对于现代人来说，太多选择已经是一种不可改变的负担。

在这点儿上，苏格拉底着实令人佩服。

有一天，苏格拉底的弟子怂恿他去全世界货物最齐全、最新奇的市场逛一圈，苏格拉底欣然前往。等他回来后，弟子纷纷询问：

“那里的书是不是最齐全，最新奇？”

“那真是一个好地方！”

“咦，老师，你怎么两手空空啊？”

这时，苏格拉底说：“此行就是我最大的收获，原来，在这个世界上，有那么多我根本不需要的东西。”

在现实生活中，能像苏格拉底那样想的人真是屈指可数。大多数人是看到新奇的，自己没有的东西都想带回家。可是，一些东西除了一点儿新鲜感外，着实没有什么用。就像我前不久在网上买了一些厨房神器：剥蒜器、蛋黄分离器、包饺子磨具、心型煎蛋锅……都是用过一次就被收起来的东西。这样的东西，确实是一个费时的事儿，我得从网店中找到自己想要的东西，然后货比三家，再迫不及待地等快递……

为了能解决“选择太多”，我们只需要砍掉多余的选择，从最基本的选择中，根据自己的实际需要出发就好了。

反省自身，不要等别人来善待你的时间

“明天来解决这个问题吧，我会更轻松地来解决掉它！”这个念头是每到下班之时，人们往往涌现的第一个念头。

人们对明天充满了期待，因为明天总是充满神秘感，未知的东西更美好。

可是，如果我告诉你，今天的事情做不完，就没有明天了，你会感到恐惧吗？是的，连我都觉得很可怕。同理，假如你一直把今天的工作拖到明天去做，其实就是一直不断地在占用明天的时间，占用未来的时光，你懂了吗？

有这样一个测试。

假如你现在非常疲惫、饥饿。然而就现在，闭上眼，然后再次睁开眼。你的眼前有一块可以让你垂涎三尺的棉花糖。

问题出现了，假如你现在吃了这一块棉花糖，你将不会得到另一块同样好吃的棉花糖，可如果你愿意花时间去等的话，就有两块或更多块不同味道的棉花糖。

其实这个测试来自于半个世纪以前，斯坦福大学的一位心理学家进行的一项棉花糖测试，其目的就是为了考验孩子们的自控力。研究表明，那些富有耐心和意志力的孩子，即愿意花费时间等待的孩子，他们在以后的人生中会取得更大的成功。

很久以来，人们认为人生成败的主要因素在于智力的高低不同，为此，心理学家们曾沉迷于测试智力的游戏和试题中，以此来判断哪些孩子更聪明或在以后的人生中取得更大的成功。可是棉花糖实验却颠覆了心理学家们的判断。

有句话说得好："我们无法控制这个世界，但我们可以控制自己如何去看待这个世界。"棉花糖测试表面，那些不能坚持等待的孩子，长大之后依旧做事没有耐心，是习惯导致了他们的半途而废。而那些愿意花时间等待的孩子，在成年之后却普遍取得了较大的成功，因为他们比任何人都懂得关于时间的约定。

棉花糖测试这个规则同样适用于我们对时间的掌握。

事实表明，当你更加珍惜时间的时候，你才会更愿意遵守时间给予你的约定和自由。很显然，很多人并不珍惜。比如，他们虽然列好了今日要完成的事项，但常常是今日事无法毕。就像棉花糖中显现的那般，他们没有足够的自制力来控制自己的欲望，或任由欲望支配，从而浪费了更多的时间。他们一定不知道，在这个过程中，将损失更多口味的棉花糖。

苏仙是个公司的小白领，她对付拖延的秘密武器就是自己拥有的一个精致的笔记本，每天都来记录她的行程和计划。这可是她从电视节目中学来的。可是过了半年之久，苏仙却悲哀地发现自己自从拥有了这个笔记本，日子过得是比以前清晰了许多，但她却从未有一天能按时完成自己的计划，基本上她第二天的早晨起来都要处理昨天落下的任务，并习惯成自然，很难改变。

细看她的生活，我们发现苏仙每次回到家中打开笔记本时，首先想的是 KTV 里那首自己还未能尽兴的歌曲，然后她突然觉得累了，想喝点东西，想看电影，想玩一会再上去写总结……直到她觉得累了，心想不能耽误第二天的工作，还是早早睡觉吧，我可不想变成熊猫眼。结果第二天早晨就像还债一样，她又要去弥补昨天晚上没完成的工作任务。周而复始，恶性循环，这样的日子真是糟糕。

而对于生活上的计划苏仙照旧不能完成，虽然她把所有的计划都打印出来放在最显眼的地方，但她还是不能今日事今日毕，每天她的内心都有两个小人在打架，一个是勤奋的小人，一个是懒惰的小人，但最终获胜的往往都是懒惰的小人，这个占据上风的懒惰小人越来越嚣张，让苏仙慢慢懒得心安理得，无所恐惧，这已成为一个恶性循环。长此以往，苏仙发现自己的周计划被搁浅了，年计划因此也被推迟了。

苏仙真的没想到一天天积累下来的“债务”竟然如此庞大，真是蝼蚁之穴便可决堤啊！更重要的是，她觉得自己失去了自我控制的能力，这让她觉得每天生活得都很危险，想想也是，如果一个人无法控制自己的话，生活就会乱了脚步。

不要等别人来善待你的时间，只有你自己才能对自己的时间负责，也只有你能尝到时间给你的结果。

别在
吃苦的年纪
选择安逸

第五章

改变，永远都不会太晚

美好不是时光赋予你的，而是你赋予时光的。

时光是因你而美好，若你自己不去奋发、不去努力、不去认真地编织美好，美好永远都不会自己找上你。

没有什么来不及，时光因你而美好

你可曾听过摩西奶奶的故事？

摩西奶奶出生于19世纪60年代的美国纽约州格林威治村的一个农场里，她的原名叫安娜·玛丽·罗伯逊，她是一个贫穷农夫的女儿。小时候的她，是家中10个孩子中的一个，她喜欢生她养她的妈妈，喜欢兄弟姐妹欢聚一堂，喜欢村子里的一草一木，因为那里装载着她鸟语花香的童年；长大后的她，在别人的农场里工作，是个任劳任怨的女工。她没有什么远大的理想，只想着踏实地劳动、快乐地生活，得闲时刻，练习自己钟爱的刺绣，已经是她最大的快乐了。

时间过得飞快，转眼间到了1887年，她已经是一个27岁的大姑娘了。那一年，她嫁给了来自弗吉尼亚州的小伙子斯汤顿·摩西，成为摩西太太，她像她的母亲一样，也生了10个孩子，这让原本不富裕的家庭更加贫穷。

后来，摩西一家重回纽约州，在离摩西太太出生地不远处生活了将近20年，这个时期，摩西太太没有继续在农场工作，而是以擦地板、挤牛奶、装蔬菜罐头等零碎工作为生。这期间，她也会在闲暇时做些刺绣，以刺绣乡村景色为乐。

因为生活贫困，她不得不废寝忘食地做那些琐事来供养这个庞大的家庭，所以刺绣的时间十分有限，虽然这是她一生的最爱。但她没有因为没空刺绣而沮丧，而是放慢脚步，慢慢研习，直到76岁那年，她因关节炎不得不放弃刺绣。于是，她只好开始了绘画生涯，值得庆幸的是，绘画是以笔代针，与刺绣有着异曲同工之处。

绘画是摩西奶奶晚年最爱的技艺，已年届古稀之年的摩西奶奶，以绘画为乐，还将作品在当地的村子里展览。她的女儿非常支持她，并将她的画带到镇上的杂货铺里，作为商品出售。摩西奶奶的画风格独特，笔墨清新，得到了很多顾客的喜爱。

有一天，一件陈列在杂货铺橱窗中的作品引起了一位名叫路易斯•卡多尔的艺术品收藏家的兴趣。他买了这幅画，还想要买更多摩西奶奶的画。他喜欢摩西奶奶的画，想帮助摩西奶奶将其作品带到纽约的画廊，以引起画商奥图•卡利尔的注意。之后，他将摩西奶奶的画挂到了自己的画廊里，这一举动将摩西奶奶的作品推荐到了艺术界。

起初，摩西奶奶的绘画是柯里夫和艾夫斯图片以及明信片的临摹品。不久以后，她便有了自己的想法，她根据自己对农场的早期生活回忆而进行创作，主要描绘的是童年时的乡村景色，以及全村风景的风俗画。摩西奶奶的风景画很细腻，能敏锐捕捉到季节、天气和时间的细微差别。她的作品多使用怀旧的标题，如《感恩节前捉火鸡》《过河去看奶奶》和《戚树园里的熬糖会》等，不仅仅是个人生活的记录和对过往的美好回忆，还描绘一些风景和生活状态。

1940 年，80 岁的摩西奶奶在纽约举办了个人作品展览会，引起了轰动。从此以后，她的作品成为艺术品市场中的热卖点，并且赢得了很多奖项，纷至沓来的是上百万张的问候卡。她的质朴与诚实、她丰富多彩的晚年生活，以及最热门的畅销书与电视台的采访，使她比任何艺术家都更深入到美国家庭当中。

自从 20 世纪 50 年代开始，摩西奶奶就受到公众的关注。那时，她的作品开始在美国及欧洲畅销。在她 100 岁时，纽约州将她生日那天命名成“摩西奶奶之日”。

1961 年 12 月 13 日，画家摩西奶奶在纽约的胡西克瀑布边逝世，终年 101 岁。虽然她从未接受过正规的艺术训练，但对美的热爱使她爆发了惊人的创作力，在 20 多年的绘画生涯中，她共创作了 1600 幅作品。

摩西奶奶曾经在给友人的信中，写过这样一段话：做你喜欢做的事，上帝会高兴地帮你打开成功之门，哪怕你现在已经 80 岁了。

时光是个很奇妙的东西，绝对公平却又很不公平，它不会为任何人多停留一分一秒，也不会为任何人多走一天一月，流逝的终归已经流逝，想留住的没有留住就是没有留住。后悔这样的注解对时光来说没有意义。当生命中所有的最美好如易冷的烟花般零落，落寞似乎便成了唯一。

人生最美好的时光是什么时候？

弱冠之年时？而立之年时？不惑之年时？

是也不是。

美好这个概念，其实因人而异。世界上没有完全相同的两片叶子，更没有完全相同的两个人，人和人的出生环境不同、受教育程度不同、思想不同、性格不同、人生经历也不同，没有人可以复制别人的人生，也没有人可以替别人选择美好。因此，对不同的人而言，人生最美好的时光也是不同的。

有人说，不到人生停摆的那一刹那，没有谁知道一生中最美好的时光是什么时候。这话乍一听很有道理，但其实却荒谬至极。

美好不是时光赋予你的，而是你赋予时光的。时光是因你而美好，若你自己不去奋发、不去努力、不去认真地编织美好，美好永远都不会自己找上你。

岁月虽易老，但“老”却不是退却和不努力的理由，只要想让生命绽放光彩，无论是生命中的任何时段都是最美好的时光。成功和幸福追寻的是努力的脚步而不是时光的车辙。时间的沙漏到底漏掉了多少沙子和一个人能不能成功、会不会成功其实一点儿关系都没有。

摩西奶奶都走完了“一辈子”，还愿意也敢于以古稀之年去开创另一个“一辈子”，你呢？你们呢？我呢？我们呢？

常感叹人生匆匆，常愧言无限后悔，常追忆曾经美好，为什么就不能努力一把，给自己另一段美好呢？

最好的时光是什么时候？不是过去，不是未来，而是现在！

把握当下，把握自己，人生永远没有太晚的开始，只要你想，什么时候都可以重新来过。

还记得摩西奶奶的话吗？“哪怕你现在已经 80 岁了，你依旧可以做自己喜欢做的事情。”那位收到摩西奶奶回信的“画粉”相信了这句话，也去做了。因此，这个世界上少了一个 30 多岁还因人生平庸而苦闷不已的医生，却多了一个闻名震惊整个世界的作家。这位作家，这位摩西奶奶的“画粉”，就是《失乐园》和《遥远的落日》的作者、日本文学巨匠渡边淳一。

谁也没有规定人在什么时候应该做什么事情，更没有人规定什么时段的光阴才算是美好。人这一辈子，最美好的时光就是现在，无论你的年龄是多大。肯德基之父哈兰德·桑德斯创业的时候已经 65 岁了，那又如何呢？现在，肯德基连锁店开遍了全世界。

“晚了”“来不及了”“早知如此”不过都是怯懦者的借口，人生不管从什么时候开始都不会晚，失败也不过只是成功的暂停。

美好的时光从来都不需要期待与等待，因为现在就是最好的时光。

任何年龄都能开启梦想模式，只要你愿意

曾经，我们幻想着自己有多么不凡，如今，却默默地接受了自己的平庸，将梦想深深地埋藏在心底。梦想是生命之盐，它是心灵的钙质，是成功事业和幸福生活的微量元素，更是思想的拐杖、想象力和创造力的源泉。如果你还是一个敢于做梦的人，或许在那一刻，你就已经不再平庸了。敢于做梦，坚持梦想，心无旁骛、矢志不渝地用汗水和心血去辛勤浇灌，梦想之花定会结出丰硕的果实。

有一位在贫民窟长大的美国老头儿，名叫谢尔登·阿德尔森，他的跌宕人生路就像过山车一样惊心动魄，却成为世界上财富增长速度最快的有钱人之一，不能不说他既是不可复制的奇迹，更是令人叹为观止的神话。

他于 1933 年出生，全家 6 口人只有一张床和一间房，挤住在美国波士顿的一处贫民窟里。父亲是一名出租车司机，母亲为生计在家中干些缝纫杂活贴补家用。

12 岁那年，在贫民窟长大的他，跟叔父借了 200 美元，租下街边两个摊位，开始卖报纸创业，这一干就是 8 年。

20 岁那年，他结束了在街头卖报纸的生活，并开始抓住商机，卖洗发水、剃须膏等物品给汽车旅馆。随后他当兵，考取大学学习公司理财，走出校门，做过贷款经纪人、投资顾问和理财咨询师等职业。

30 岁那年，他前往纽约寻求梦想和发展，从事媒体广告业务。尝试无数行业，成为一名基金风险投资家。

40 岁那年，他通过自己投资的一本计算机杂志，在拉斯维加斯创办计算机供货商展览，以 100 美元一个摊位的价格向主办地政府租赁展览场地，再以 150 倍高价租给展商，积累下巨额财富。

50 岁那年，他迎来 IT 业黄金时代，人们无不对计算机展览会上最新科技产品一睹为快，比尔·盖茨、史蒂夫·乔布斯等 IT 与财富英雄的演讲更是展览会吸引人的重头戏。8 年后，参展商已达 2480 家，参观者超过 21 万。1989 年，他以 1.28 亿美元买下旧的金沙赌场酒店，并建起美国首家由个人投资并拥有的金沙展览中心，以此转战并不熟悉的博彩业。

60 岁那年，他被人称为“会展之父”，以 8.6 亿美元高价将计算机展览会盘给日本软件银行，此交易令他成为真正富豪。随后，他投资 15 亿美元炸掉金沙赌场酒店，3 年重建，占地 63 英亩，把金沙赌场酒店与美国最大会展中心相连，建成了一座堪称全球投资最庞大的集住宿、娱乐、博彩于一体的“威尼斯人度假村”，确立了他在拉斯维加斯的富豪地位。同时，他还将博彩帝国延伸到亚洲，在中国澳门投资澳门金沙娱乐场，在新加坡建设滨海湾金沙酒店。

70 岁那年，他身家超过 30 亿美元。之后 3 年，他以每小时赚近 100 万美元的速度，迅速拥有 205 亿美元，购买私人飞机 14 架，拥有全世界最大的私人飞机群。2007 年，他的财富上升到 265 亿美元，位于《福布斯》全球富豪排行榜第 6 位，在美国排名第 3，仅次于比尔·盖茨和巴菲特。

74 岁那年，金融危机爆发，他旗下金沙集团股价下跌，一年之间损失 250 亿美元，财富缩水超过 90%。从谷底到顶峰花了 40 多年，从顶峰坠落却只有一年。但他从顶点跌入谷底后却再次登上顶峰，不得不说是一个奇迹。短短两年，他重新积累财富近 150 亿美元。

76 岁那年，他进入《福布斯》全球亿万富豪排行榜，以 34 亿美元位列第 178 名；77 岁，以 93 亿美元位列第 73 名；78 岁，以 233 亿美元位列第 16 名，成为《福布斯》杂志富豪排行榜上财富增长速度最快的大富豪。

梦想和经典一样，永远不会因为时间而褪色，反而会因为岁月的沉淀而更显珍贵。请别轻易忽视你的每一个梦想，认真把它记录下来。不管是想要成就一番遥不可及的事业，还是赚到不计其数的金钱，请先记录下来。然后，选出你最想实现的梦想和最容易实想的梦想，从现在开始，尽力去奋斗，你终究会成为举世瞩目的大富豪。

任何年龄都能开启梦想模式，只要你愿意！

法国作家安德烈•纪德曾说过："人只有鼓起勇气，告别海岸，才能发现新的海洋。"是啊，人只有鼓起勇气，付诸行动，才能开启梦想的大门啊。不要被年龄束缚了梦想，不要被年龄限制了自由，想学什么，就努力去学，想做什么，就尽量去做，人生在世已是不易，何必用世俗的条条框框委屈自己？

方向比努力更重要

一个人刚开始可能确定不了自己的方向，也可能确定的方向是错误的，所以，当发现自己的方向不对时，要及时地纠正方向，然后确定正确的方向。否则，如果一开始的指向就是错误的，不但不会胜利，反而会南辕北辙，离目标越来越远。

一位美国青年，自以为很聪明，喜欢搞研究，满脑子都是稀奇古怪的想法，他渴望有一天成为举世瞩目的发明家，全世界的人都享用他的发明创造。

有一天，他无意间看到了一份能将清水变成汽油的广告，这份广告做得很周详，不但有吸引眼球的感性文字，还提供了可以邮购“清水变身汽油”实验材料的详细地址，声称是为了满足广大热爱科学研究并立志为祖国的科学事业做出贡献的有志青年们的需要，并提供全套的实验材料。

这位美国青年一看到这则广告，就马上记下了邮购地址，并立即花大钱买来了资料。接着，他把自己关在屋子里，潜心研究，还在房门上贴上了“闲人免进”的醒目纸条，不准客人串门，掐断电话线，关掉手机，总之，一切与外界联系的方法都被他切断了。他需要绝对的安静，需要绝对的专心，直到这项伟大的发明成功。

在此期间，青年夜以继日地研究，达到了废寝忘食的程度。每次吃饭时，都是母亲从门缝里把饭塞进来，因为他不准母亲进来打扰他。他常常是两顿饭并做一顿吃，很多时候把黑夜当作黎明。善良的母亲看见自己的儿子骨瘦如柴，终于忍不住了，趁儿子上厕所时，溜进他的卧室，看了他的研究资料。母亲还以为儿子的研究有多伟大，原来是如何将水变成汽油，这简直是天方夜谭！

心急如焚的母亲，不能眼睁睁地看着儿子陷入荒唐的泥淖中无法自拔，于是开始耐心地劝导儿子。

“亲爱的，你是否知道，你要做的事情根本不合自然规律？”母亲小心翼翼地提醒儿子。

“不符合自然规律的发明，那才叫科学发明！”儿子没有考虑母亲的焦虑。

“孩子，你的方向弄错了，这样下去，你付出越多努力，就越达不到目的！”母亲的话似乎严厉起来。

“别这么武断行不行？妈妈！请你相信你的儿子！一个发明天才！我要为自己的处女作奋斗了！请你不要打搅我！”儿子也变得浮躁起来。

“可是，亲爱的孩子，你知道吗？你这样下去，我担心啊！”

母亲唉声叹气。

“你担心什么啊？”儿子对母亲的话感到很诧异。

“我担心在我有生之年，看不到你找工作、娶老婆、生孩子！这些可是人生中的大事啊！”母亲长叹一声。

“请不要用这些区区小事来纠缠我，我要干的事比这些伟大多了！我要让全人类记住我、感谢我！”儿子信誓旦旦，让母亲无法继续劝慰下去。

就这样，母亲打工养活着自己和已经成年的儿子。母亲一天天衰老，儿子一天天憔悴。

5 年过去了，还是母子俩相依为命；10 年过去了，家里没有增添任何新成员；20 年过去了，母亲永远地闭上眼睛，没有收入的他只能靠政府的救济勉强度日；30 年过去了，青年已经白发苍苍；40 年过去了，这位老人的内心依然非常充实，他屡败屡战，屡战屡败，却从没停止过研究。

有一天，一位多年不见的好友来看他，无意间看到了他的研究计划，惊愕地说：“原来是你！几十年前，我因为无聊贴了一份水变汽油的假广告。只有一个人向我邮购所谓的资料，原来那个人就是你！”

这位已经步入老年的研究者，听完这一番话，立刻陷入崩溃的边缘，他很快疯了，住进了精神病院。

当我们发现自己即将坚持到最后的是一条错路时，就应该果断停止。只有彻底停止，才会有新的开始。

如果前进的方向没有选对，那不管我们走多远，付出了多少勤奋和努力，都是白费力气。这就好比我们穿衣服一样，如果把第一颗纽扣扣错了，那么下面的扣子也会跟着出错。

张衡有着一个远大的志向，他很想成为一个了不起的人，所以从少年时起，他就很勤奋。几年过去了，张衡还和以往一样，并没有多大的改变。为此，张衡非常苦恼。在长辈的推荐下，张衡找到了一位智者。

知晓张衡的困惑后，智者叫来 3 个弟子，对他们说："你们带施主到五里山，挑一担自己认为最满意的，最好的柴火。"

很快，张衡和 3 个弟子沿着门前的江水出发了。

大半天过去了，最先回来的是张衡，只见他身上担着两捆柴。智者让他在一边休息，一边问他为什么是两捆柴火。

张衡苦恼地说："大师，您就别提了。刚开始啊，我砍了 6 捆，扛到半路，扛不动了，就扔了两捆。我走啊走啊，柴火把我压得喘不过气，于是我又扔掉了两捆。大师，我已经尽力了。"

过了一会儿，大弟子回来了，对智者说："我和师弟各砍了最好的一捆柴火，就往回走。走啊走啊，我们觉得轻松极了。不过，我们在路上看到施主丢弃的柴火了。我想，既然师傅说只要挑一担自己认为最好的柴火，那我就不需要捡起来了。"

智者赞许地点了点头。又过了一会儿，小弟子回来了。他说："我个子矮，力气小，担不了一捆柴，更别说这么远的路了……所以，我选择走水路，自己打造了一个竹筏。"

智者用赞赏的目光看着弟子们，微微颔首，然后走到张衡面前，拍着他的肩膀，语重心长地说："小伙子，一个人要走自己的路，本身是没有什么错的，但是得看怎么走。走自己的路，让别人说，也没有什么错的，这是一个人的自信，但关键是要看自己走的路是否正确。小伙子，你要永远记住：选择比努力更重要，选错了方向再努力也是失败。”

张衡恍然大悟，怪不得自己那么勤奋努力，却还没有成就，原来是因为没有找对方向。在成功的路上，张衡看到什么，就想装进自己的囊袋，就跟砍柴一样，找到最好的一捆柴已经不易，又怎么能找到 6 捆柴火呢？于是，这多余的柴火就变成了自己的负担。

在生活中，不乏像张衡这样的人，没办法避免朝错误的方向走一段路。不过，走错了，走远了不要紧，只要能走回来，找到适合自己的路，就足够了。

一个人过怎样的人生，就得看自己有怎样的选择，这就好比我们想要寻找金矿，却妄想在海滩上挖掘，这样做的结果会是怎么样的呢？就是只能挖出一堆堆的沙土，找不到金矿的任何痕迹。

总之，方向比努力更重要，不要在不必要的地方付出大量精力，如果要有所收获，就必须选择属于自己的正确目标。当我们困惑、茫然的时候，要停下前进的脚步，看看自己努力的方向是否正确。只有选对了方向，才不会让努力白费。

认识自己，发现自己

曾有人问苏格拉底：“世界上什么最难？”

苏格拉底说：“认识你自己。”

的确，想要改变自己的命运，首先是要认识自己，有自知之明。比如：以你的工作能力是干不了某件事的，可你却偏偏要“证明自己”，结果事情没办成，还落得一身埋怨；以你的学习成绩是考不上名牌大学的，只能报考普通院校，可你非得和成绩“置气”，结果名牌大学考不上，普通院校也上不了……

如果能够真正认识到自己，那就可以做到量力而行，看到自己的不足，随后取长补短，做最好的自己。

男孩出生在捷克的一个犹太商人家庭，从小性格孤僻，沉默寡言，总喜欢一个人躲在角落里，不跟外界接触。父亲劝他多跟人接触，他不。为此，父亲没少对他发脾气，一个男子汉怎么能是这副模样呢！在父亲眼里，只有那些活泼开朗、能言善辩、胆子大的人，才会有出息。为了把他培养成这样的人，父亲煞费苦心，甚至拿着皮鞭狠心将他赶出家门，让他多去接触外面的人。

被父亲赶出家门之后，男孩难过极了，他不明白做自己有什么不好，为什么要变得跟别人一样？当然，他也试过去改变自己，做一个让父亲喜欢的好儿子。但是，不管他怎么努力，始终战胜不了内心的怯弱，做到泰然自若地跟别人聊天。即便是他站在人堆里，也能明显感觉到他的格格不入。那段时间，他自卑到了极点，觉得自己一无是处。

父亲的粗暴不但没有改变他，反而让他对外界感到恐惧和不安，甚至变得比以前还要胆小。不过，在这个过程中，他学会了察言观色，学会了承受和忍耐，也体会到了生活的痛苦与无奈。

慢慢地，他发现自己这样也挺好的，自己就是这样啊，为什么要为了迎合别人而做出改变。“嗯，我喜欢这样，这样的我才是真正的我。”他抱着这样的念头继续生活着，可父亲却已经对他丧失了信心，任由他自由发展。

就这样，男孩在困惑与伤痛中一天天长大成人。事实上，他并不是父亲想象中的那样格格不入，无法在社会上立足。男孩18岁的时候，顺利考入了布拉格大学，并获得了博士学位。

令父亲和他人更震惊的是，男孩竟然走上了文学创作的道路，成为一名作家。他的作品《变形记》《判决》《城堡》等享誉全球，被誉为“西方现代派文学的宗师和探险者”。

他，就是世界级文学大师、现代派文学的鼻祖卡夫卡。

如果我不说这个男孩就是卡夫卡，相信你一定猜不到。抛开成就不谈，他的故事告诉我们：一些无法改变的东西就不要去改变，只要能正确认识自己，发现自己，即便与他人格格不入，也能活出属于自己的人生。

如果一个人总是活在别人眼中，活成别人想象的样子，那活着就失去了原本的意义。不要因为自己与他人的不同，就苦恼不已，甚至自卑，要记住：每个人都有属于自己的优点和缺点，与其抱怨上天对自己不公，不如去寻找一片适合自己生长的土地。只要你肯用心，无论你是一朵美丽的鲜花，还是一株绿色植物，都能看到属于自己的春天。

一个人的命运不是由上天决定的，也不是由别人决定的，而是自己。一个人若想改变自己的命运，最重要的是要改变自己，改变心态，改变环境，这样命运也会随之改变。

“天生我材必有用”，除了正确认识自己，发现自己以外，还应该懂得欣赏自己。因为人活着，不是所有的事情都能做到，因而不要因为做不到某件事情就失去自信。

正确地对待缺憾

每个人都可能有自卑的时候，而陷入自卑泥潭的主要原因，恰恰是自己把自己推进去的——人们主观地给自己的缺憾打上了“缺陷”的标签，从而使自己一蹶不振，意志消沉，不思进取。其实，缺憾从来都没有标签，你眼中所谓的缺陷，说不定恰恰是你的优势呢！缺陷也是一种美，缺憾也可以创造美。请不要因为缺憾而感到自卑，正确地对待缺憾，学会转化思考，完全可以将美好的一面展现给大家。

那是一个很小的县城，那里出了一个老百姓们津津乐道的年轻作家、演讲家，他的名字叫李自信。

李自信是一个 25 岁的青年才俊，出身贫寒，却屡次为县里赢来一块又一块奖牌，大街小巷里都传唱着有关他的传奇故事。

可惜的是，他脸上有一块巨大而丑陋的胎记。紫红的胎记在他脸上竖着划了一刀。英俊的脸由于胎记而变得狰狞吓人。这让很多第一次见到他的人都感到很不习惯，甚至很厌恶。但外表的缺陷掩盖不了这个年轻人友善、幽默、积极向上的性格。凡和他打过交道的人，都会不由自主地喜欢上他。

李自信每周都会有新的佳作见报，让读者们着迷，他是个多才多艺的人，还经常参加各种演讲，包括学术演讲和大众演讲。

他刚开始出现在公众场合时，观众的表情总是惊讶、恐惧，但等他讲完，人人都心悦诚服，场下掌声雷动，每当这时，都有观众和朋友暗暗叹服他的勇气和魅力。那块胎记曾给他带来深深的自卑，并不是每个人都能克服这么严重的心理障碍，在众人惊疑的目光里言谈自如。

有一个非敌非友的观众，曾经向他提出了藏在心里的疑问："你是怎么应付那块胎记的呢？"言下之意是：你是怎么克服那块胎记带给你的尴尬和自卑的？难道你一点都不为自己那丑陋的胎记而伤心难过吗？你以后怎么办？会有姑娘看上你吗？你不觉得痛苦万分吗？难道你一点都不自卑吗？

李自信是个聪明人，当然明白问者的弦外之音，他情绪高昂地说："应付？我为什么要应付它？它可是我脸部画面的一个小小点缀啊！我还以它为荣呢！"

"怎么可能？你真会说笑！"这位观众心直口快，他脱口而出，"这么难看的玩意儿！要是我，都得自卑得跳楼了！"

李自信看着这位观众说完后那歉意的表情，非常和蔼地说："很小的时候，我父亲就告诉我——儿子，在你出生前，我就向上帝祷告，请他赐给我一个与众不同的、出类拔萃的孩子，于是，上帝给了你特殊的才能，还让天使给你做了一个记号。你脸上的标记就是天使吻过的痕迹，上帝对你如此厚爱，目的是为了让我在人群中一下子就能找到你。当看到你和别的婴儿一起睡在婴儿室时，我立刻知道，你是我的儿子！一个天使宠爱的孩子！长大后，我的父亲还是可以在人群中一眼认出他的儿子！所以，我很骄傲，我佩戴着天使赠给我的印记！”

这位观众静静地倾听着他的叙述：“孩童时代，父亲一有机会就给我讲这个美丽的故事。所以，我对自己的好运气深信不疑，我甚至会对那些脸上没长紫色吻痕的孩子深表同情。我当时以为，陌生人的惊讶是出于羡慕和惊喜。于是，我更加积极努力，生怕浪费上帝给我的特殊才能。长大以后，我依然觉得父亲没有骗我；每个人都会从上帝那儿得到特殊的才能，而每个孩子对父亲来说都是与众不同的，只是我的特殊才能加上了天使的礼物。正因为有了这块胎记，我才会不断奋斗，取得今天的成绩，它何尝不是天使的吻痕、幸福的标记呢！所以说，我不自卑！我很快乐！”

很多喜剧演员，往往就是把自己缺憾的一面暴露给观众，他们收获的不仅仅是金钱，还有观众的笑声和承认，那是对缺憾的一种挑战。勇于挑战自己的缺憾，要有把自己的缺憾变成自己的优势的精神。不要因为自己的缺憾而放弃成功的信心，要让自己的缺点成为自己上进的动力。一个人除非自己有信心，否则不能给别人带来信心，已经信服自己的人，方可使人信服。

不会分享的人注定是一个孤独者

曾有人说过，不会分享的人注定是一个孤独者，一个失败者。其实分享很简单，它只是一种思想上的放松。每个人都把自己所拥有的给予别人，从而获取快乐，丢掉忧愁，这就是分享！

当你将你的东西和别人分享时，你的思想是放松的，你的情绪是快乐的，整个人的状态都会好很多，身体的正能量就会滚滚而来。因为分享本身就是一件很快乐的事。而一个不懂分享的人是体会不到这种快乐的，封闭独享只会让心里杂草丛生。

贝尔太太是一位有钱的人，她的花园又大又美，吸引了许多游客。许多游客总是毫无顾忌地跑到贝尔太太的花园里游玩。

年轻人在绿草如茵的草坪上跳起了欢快的舞蹈；小孩子钻进花丛中捕捉蝴蝶；老人蹲在池塘边垂钓；有人甚至在花园当中支起了帐篷，打算在此过他们浪漫的盛夏之夜。贝尔太太站在窗前，看着这群快乐得忘乎所以的人们，看着他们在属于她的园子里尽情地唱歌、跳舞、欢笑。她越看越生气，就叫仆人在园子门外挂了一块牌子，上面写着：私人花园，未经允许，请勿入内。可是这一点也不管用，那些人还是成群结队地走进花园游玩。贝尔太太只好让仆人前去阻拦，结果发生了争执，有人竟拆走了花园的篱笆墙。

后来贝尔太太想出了一个绝妙的主意，她让仆人把园子门外的那块牌子取下来，换上了一块新牌子，上面写着：欢迎你们来此游玩，为了安全起见，本园的主人特别提醒大家，花园的草丛中有一种毒蛇，如果哪位不慎被蛇咬伤，请在半小时内采取紧急救治措施，否则性命难保。最后告诉大家，离此地最近的一家医院在威尔镇，驱车大约 50 分钟即到。

这真是一个绝妙的主意，那些贪玩的游客看了这块牌子后，对这座美丽的花园望而却步。可是几年后，游人再往贝尔太太的花园去时，却发现那里因为园子太大，走动的人太少而真的变得杂草丛生、毒蛇横行，几乎荒芜了。孤独、寂寞的贝尔太太守着她的大花园，怀念着那些曾经来她的园子里玩的快乐的游客。可是，那样快乐的时光一去不复返了，贝尔太太也整天郁郁寡欢，情绪低落。

托尔斯泰说过：神奇的爱，会使数学法则失去平衡。两个人分担一个痛苦，只有一个痛苦；两个人分享一个幸福，却可以拥有两个幸福。

分享，是心与心的交换；分享，是情与情的传递！我们每个人都需要分享，都离不开分享，都需要学会分享。只有懂得分享，你才能使你的正能量变得更强大，才能让你的心情变得越来越好。

有一个故事，说一位犹太教的长老，酷爱打高尔夫球。在一个安息日，他觉得手痒，很想去挥杆，但犹太教规定，信徒在安息日必须休息，什么事都不能做。

这位长老终于忍不住，决定偷偷地去高尔夫球场，想着打9个洞就好了。

由于犹太教徒在安息日都不会出门，球场上一个人也没有，因此长老觉得不会有人知道他违反了规定。

然而，当长老在打第2洞时，却被天使发现了，天使生气地到上帝面前告状，说某某长老不守教义，居然在安息日出门打高尔夫球。

上帝听了，就与天使说，会好好惩罚这个长老。

从第3个洞开始，长老打出超完美的成绩，几乎都是一杆进洞。

长老兴奋莫名，到打第7个洞时，天使又跑去找上帝："上帝呀，你不是要惩罚长老吗？为何还不见有惩罚？"

上帝说："我已经在惩罚他了。"

直到打完第9个洞，长老都是一杆进洞。因为打得太神乎其技了，于是长老决定再打9个洞。

天使又去找上帝了："到底惩罚在哪里？"

上帝只是笑而不答。

打完18个洞，自己的成绩比任何一位世界级的高尔夫球手都优秀，把长老乐坏了。

天使很生气地问上帝："这就是你对长老的惩罚吗？"

上帝说："正是，你想想，他有这么惊人的成绩，以及兴奋的心情，却不能跟任何人说，这不是最好的惩罚吗？"

从上面的这则故事不难看出，没有分享的人生，无论面对的是快乐还是痛苦，都是一种惩罚！不懂得分享的人，始终把自己的心门紧锁，让自己身体的正能量成为无源之水，无薪之火。这样，当身体内正能量的火焰熄灭，留给你自己的只能是一片冰冷的世界。

这个世界就是因为有了分享才变得如此的美丽，无论你与人分享的是快乐或是痛苦，是欢笑或是眼泪。生命因分享而充实，因分享而充满激情，因分享而多姿多彩。分享能让快乐加倍，也能让你的正能量加倍！

成全自己，让生命更圆满

每个人都会有很多计划或想法，不过能够按照自己的计划去实施的人还是少数。大多数人会说“等……的时候，我就去……”。殊不知，这样的“等”如果不开始，“……的时候”永远不会到来。

电影《霸王别姬》中有句台词：“人得自己成全自己。”

是的，任何想象中的事都不会自己完成，更不会天上掉馅饼。想要得到，就要靠自己的双手去做。也许你一开始做得并不好，但谁都有开始的时候，只要有学的过程，从学到会，那才是真正的成全自己。

“妈妈，我再也不和他们一起玩了！因为他们欺负我！”那天，6岁的布里奇特跑回家时，扑到母亲安娜的怀里哭诉着，“乔治说，像我这么矮的人，他用两根手指就能捏扁，他的笑容非常恶劣，我真的很受伤！珍妮故意把玩具放到最高的凳子上，我踮起脚也拿不到，她们就一起嘲笑我！”

安娜静静地听完袖珍女儿的哭诉之后，轻轻擦去她的泪水。然后从桌子上的水果盘里，选出一大一小两个苹果，分别把它们切开了，让布里奇特品尝。她先是咬了一口大苹果，哽咽着说：“甜！真的很甜！谢谢妈妈！”接着，她又咬了一口小的苹果，惊讶地说：“好像更甜！真的好甜！谢谢妈妈！”

安娜点点头说：“孩子，你说得没错！同样地苹果树，结出的果子却不一样，有的大，有的小。从外表上看，大苹果可能更惹人喜爱。但只有用心品尝的人才会发现，小苹果因为生长周期缓慢，反而贮存了更多糖分，口感比大苹果更甜！上帝其实偏爱更小的苹果呢！”

妈妈意味深长的讲述，让小布里奇特茅塞顿开。因为患有先天性发育不良侏儒症，她的身体很早就停止了发育，69 厘米的身高，一度让她无比自卑。可是既然连上帝都偏爱小苹果，她为什么不能做一个袖珍版的快乐天使呢？

从此以后，布里奇特彻底走出了自卑的阴影，在母亲安娜的指引下，她的爱好一天比一天广泛，从幼儿园到大学，她渐渐喜欢上了唱歌、跳舞、体操、篮球和魔术表演。她会骑着特制的电动滑板车，呼啸着穿过人群；她会在学校的集会上发言，劝诫学生不管遇到什么困难都不要灰心；她会偶尔出现在电视广告中，成为某个品牌产品的代言人；她会在学校举办的跳舞比赛中大出风头，因为她是最疯狂的拉拉队队长。

19 岁那年，不幸再次降临到布里奇特的身上。她被汽车撞倒住进了医院，全身多处骨折，在整整半年多的时间里，她身上缠满了各种绷带，生活无法自理。在这段生命中最艰难的日子里，她依然保持乐观的态度，在双手勉强可以活动时，她就躺在病床上开始用电脑写作，每天至少在个人网页上更新 1000 字。

布里奇特的顽强，打动了越来越多的人，很多人成为她的忠实追随者，他们不仅在网络中留言支持她的作品，还寄来各种各样表达祝福的小礼物。布里奇特感动之余，通过视频向远方的“粉丝”们问好，感谢他们对自己的关注和支持。

2011 年 7 月，就读于伊利诺伊州一所大学，已经 22 岁的布里奇特，被吉尼斯世界纪录组织方认定为世界上最矮的女性。同年 8 月，她的自传体小说《矮处的风景》出版，日销量达 1000 多册，成为当年美国最畅销的作品之一。

在一次签名售书活动中，布里奇特应读者的要求，现场表演了一段舞蹈，她身穿迷人的粉色连衣裙，戴粉色发卡，连指甲也涂着透明的粉红色，像极了一个美丽的天使。有人问她成功的秘诀。布里奇特笑着说：“上帝会让最小的苹果更甜。所以，我一直坚信，最矮的我，也可以让生命焕发不一样的风采！这也是上帝对我的偏爱！”

在她的身上，我看到了只要你想做，什么时候都不会晚的决心和坚持。

成全自己的过程，其实也是磨炼心态、战胜自我的过程。我们要以一种平和的心态对待自己，在充分认识到自己的长处和短处后，不要总是把注意力停留在自己的短处上，你停留的时间越长，黑色的阴影就越重；不要在意别人对你的评价，只要你认为是对的，那就走自己的路让别人去说吧。要知道，没人能成全你的人生，能成全的只有你自己。

别在
吃苦的年纪
选择安逸

第六章

仰望星空，在孤独中成长

有人说，与人交往是一种能力，其实享受孤独更是一种能力。

孤独才能遇见最真实的自己，能让自己默默成长，并能明白人生的真正意义。

在孤独中成长

古往今来，凡是事业有成的人都是耐得住孤独的人。诗人李白曾说："古来圣贤皆寂寞，唯有饮者留其名。"他也自称为"孤独的行者"，或许正因他能享受孤独，才成就了"诗仙"的美誉，给后人留下了千古绝唱的文学作品。

导演李安在成名之前，有6年时间是待在家里，洗衣做饭，是一个十足的"家庭主夫"。在这6年里，孤独肯定是有的，但他明白孤独所带来的效益——他能耐下心来学习，积累，并成长。于是到后来，他成了令人瞩目的导演。如果当年他不堪忍受孤独，从而放弃了自己的追求，那他就不会有今天的辉煌成就。

为了学画，张大千在偏僻的西部待了好几年，远离城市的喧嚣、人心的浮躁，刻苦钻研绘画。穷困潦倒没有打倒他，强盗土匪也没有吓跑他。在这几年中，他与清贫为伴，与孤独为伍。最终，他的画作与无价之宝画上了等号。

著名作家林徽因说过一句话："红尘陌上，独自行走，绿萝拂过衣襟，青云打湿诺言。山和水可以两两相忘，日与月可以毫无瓜葛。那时候，只一个人的浮世清欢，一个人的细水长流。”

一个人远离了世界的喧嚣，独自孤单地生活，虽然看上去有些落寞，但实际上却能给我们一个难能可贵的自我成长的机会。孤独能够让我们重新认识自己，重新审视那些发生在身边的是是非非。能够让我们对那些曾经帮助过自己但却已经被遗忘的人重拾感恩之心，也能够让我们放下心中的仇恨和烦恼，用一种新的姿态，轻松上阵，重新出发。

孤单的生活，欲望开始变得简单，温暖的午后，绿茵的草地，暗暖的台灯，繁星点缀着的夜空，一杯茶、一本书，或许就已经是生活的全部。这样的生活会让我们变得踏实豁达，会让我们忘掉曾经的烦恼与感伤，品味此时此刻生命最本质的味道。

一位优秀的作家，他要学会远离现世功利性的诱惑，把心灵还原为最初的状态，不断地观察周遭的环境，然后用文字说话。一个灵魂的叙述者一旦成为所谓社会的热点，无疑是一种灾难，他要背弃文学安静的特质，在热闹和喧哗中逐渐丧失自我。对真正的作家来说，安静是一种不可或缺的品质，只有这样他写出的文字才对得起自己的良心。

一位刚刚从伤痛绝望中走出的人，热闹非凡的气氛不能给予他有价值的启示，他只有在独处时才能有机会重新整理自己的思绪、规划自己的生活。他可能每天无所事事地一个人在城市里闲逛，随便上一辆公车，欣赏路边的风景，然后再到图书馆待上一整天，也可以在车水马龙的街上、婉转的叫卖声中买到自己想要的东西。

一个背负太多沉重压力的人可以在静谧的时间里清空自己，在孤独中重新找回自己生活的方向。远离喧嚣，享受孤独，是每一个人都应该拥有的品质。

享受孤独是一种能力，更是一种难能可贵的品质。正是在孤独中，无数哲人开始了对未来的探索；正是在孤独中，智慧的火花迸发出耀眼的光芒。拒绝孤独，就是拒绝安静地观察与思考，排斥平静带给我们的力量。

享受孤独不是让我们远离社交，不是偏安一隅，而是让我们学会闹中取静，在喧嚣的生活里给自己的心灵找一片属于自己的静谧时空。毫不夸张地说，孤独可以成就人生，因为人生有价值的感悟和真理需要你一个人静静去体会。享受孤独就是品味人生，为什么要拒绝它呢？

有人说，与人交往是一种能力，其实享受孤独更是一种能力。孤独才能遇见最真实的自己，能让自己默默成长，并能明白人生的真正意义。

越是平淡的日子，越要沉下心修炼

在地中海东岸的沙漠中，有一种神奇的蒲公英，如果遇不到雨的话，它一辈子都不会开花，但只要有一点雨，它就会迅速抓住机会开花，甚至在雨水被蒸发之前，做完受孕、结子、传播等事情。

当地人发现这一神奇事件后，都纷纷佩服蒲公英，因为它能在短暂的时间内，快、准、狠地抓住稍纵即逝的机会。后来，当地的居民会将它作为礼物送给他人。他们认为，在这个世界上，穷人提升自己的机会就像沙漠里蒲公英遇到雨水一样，少之又少。但只要有蒲公英的品性，在机会来临时，迅速抓住，同样能改变自己的命运。

在一个炎热的下午，剧组里的人像往常一样，忙忙碌碌。遮阳伞下，导演正在与副导演以及摄影师研究下一步拍摄的细节问题，有一个陌生的年轻人站在了离他们不远的地方。

等被发现后，年轻人立即露出微笑。

“你是什么人？”导演话音刚落，年轻人立刻简单介绍了自己，他是一个舞蹈演员，由于自己的膝盖受伤不能再继续跳舞了，所以他想从事影视行业。前不久，在报纸上看到招聘演员的信息，就想来试试。

导演毫不客气地说："你没有经过专业的表演训练，也没有任何表演的经验，再加上你身上的伤……不好意思，你不符合我们的要求。"

导演拒绝后，年轻人仍不放弃，继续说："导演，你可以给我一个角色，让我试试。至于身体上的伤，我会注意的，绝对不给剧组添麻烦。"

见他如此纠缠，导演只想快点儿把他打发走，就随便说了一句："我这里倒是有一个角色，不过我需要一个体型微胖的人。"导演上下审视了一下年轻人，继续说，"你的外形条件不太合适，恕我不能帮忙了！"

"放心吧，导演，我能行，我过几天再来！"年轻人坚定地说完，然后转身离开。导演摇了摇头，继续工作。

过了段时间，年轻人又来了。这次，他已经是一个体型微胖的人了。导演看到他，想了半天才想起来："在这么短的时间内，你竟然胖了这么多！你是怎么做到的？"

年轻人还是满脸微笑地说："在这段时间里，我每天都在吃肉，喝啤酒。"

导演佩服地说："有毅力！"但他当时说的话不过是推辞，没想到年轻人愿意抓住这个机会。于是他说，"很抱歉，年轻人，我当时并不是真心想要为你安排一个角色。不过，现在我真心会为你安排一个角色。"

“谢谢导演，我会好好做的，不会辜负你。”年轻人百般感谢，只要给他机会，他什么都愿意做。

在随后的拍摄中，年轻人很是认真，也很勤奋，不懂的就会问。从这以后，他真正踏入了影视之路。

很多年后，导演在回忆这段往事时，感慨地说：“很少见这种清晰地知道自己想要什么并为之努力的人。我当时想，这个年轻人一定会有所作为。”

导演说的不错！几十年后，年轻人成了一个家喻户晓的演员。这位演员曾经参演过《人鬼情未了》，并以饱含深情的表演俘获了无数观众。

你知道他是谁了吧！没错，他就是帕特里克·斯韦兹。

帕特里克·斯韦兹的处境就如同沙漠里的蒲公英一样，抓住稀少的雨水（机会），就能默默积攒能量，等到一鸣惊人。

在平时，我们都希望什么都一步到位，包括成功。可是，这只是一种美好的期待罢了，因为你的知识，你的能力是需要一步步巩固，一步步提高的。即便你现在的生活很平淡，没有什么波澜，那你也要潜心修炼。

总有一天，机会来临时，你才会迅速抓住。就像帕特里克·斯韦兹那样，作为一个舞蹈演员却不能跳舞，这是多么大的挫折。不过没关系，他并没有因此堕落，而是面带微笑，默默寻找机会，即使导演的一句“推脱”，他也深信不疑，回家增肥去了。于是，机会就这样来了。

所谓“厚积才能薄发”，只有锲而不舍地努力，耐心地等待，才能换来一鸣惊人的迅速出击。

一个初秋的清晨，在日本东京目黑区的公园里，有一个十分矮小的男青年从长凳上爬了起来，迈着矫健的步伐往一家保险公司走去。

他是一名保险推销员，很勤奋，但是工作业绩却不见提高，收入自然也就很少。因为拖欠房租，他被房东赶了出来，在公园的长凳上已经睡了两个多月了。在这两个多月的时间里，他吃不起午餐，经常饿着肚子去见客户，肚子时不时发出的咕咕声，让他既尴尬又抱歉，客户的白眼更让他羞愧难当。

每当夜幕降临时，他都会拖着疲惫的身子，来到公园，躺在长凳上过夜。第二天清晨，他又会像往常一样，依然精神抖擞地迎接新一天的阳光，拜见新一轮的客户。

有一天，他来到一家寺庙，向老住持推销保险，并细致地讲述了一条又一条投保的益处。

老住持千万个不乐意，但还是耐心地听他把话讲完，然后平静地说："你的介绍丝毫不能引起我的兴趣，这是为什么呢？"

"我也不知道，您能告诉我为什么吗？"男青年的头突然夸张地向前倾斜，他显然是希望老住持能够给他指点迷津。

"人与人之间，像这样相对而坐时，一定要具备一种强烈吸引对方的魅力，才能打动对方，以至说服对方，"老住持稳稳地坐着，"如果你做不到这一点，将来就没什么前途可言了。"

"可是，我怎样才能够具备这种吸引对方的魅力呢？"男青年迫不及待地继续追问。

"每个人都有自身的优点和缺点，优点让你受欢迎，缺点让你不受待见，所以你要改正与摒弃缺点，保留并发扬优点，让自己成为最受欢迎的人！”

“我想发扬自己的优点，舍弃自己的缺点，可是，我怎么才能知道我有哪些优点和缺点呢？”

“当局者迷，旁观者清！”老住持只讲了8个字，就起身送客了。

男青年从寺庙里出来，一路思索着老住持的话，突然，他灵机一动，豁然开朗。

在接下来的日子里，他请同事吃饭，请客户喝茶，目的只为让他们指出自己的缺点，不管是厉声的“骂”，还是委婉的“劝”，他都全盘接受。

“你的个性太急躁了，常常沉不住气，一遇到事情，就手忙脚乱的，一点都不沉稳！”

“你有些自以为是，往往听不进别人的意见，总是固执己见，有时候让人头疼！”

“你说话的时候，总是想着自己准备说什么，却不想一想，别人乐意听吗？”

“你从来不曾听一听客户的心声！”

“你面对的是形形色色的客户，你必须要有丰富的知识，所以必须加强进修，以便能很快与客户寻找共同的话题，拉近彼此间的距离。”

“你好像没有优点吧？若是硬找你的优点，有时候，我看到你傻笑，那是你唯一可爱的时候！”

……

男青年把这些可贵的逆耳忠言都记录在随身携带的小本子

上，晚上回到公园的长凳上，借着月光慢慢地阅读，思考着如何改变自己：遇事不能冲动，心态平和一点；不要总以自我为中心，听听别人的意见；多跟客户谈谈心，了解他需要的是什么；多看看报纸，多学学人情世故；还有，一定要练习好笑容，让自己唯一的优点大放光彩……

于是，他总结出了自己含义不同的 39 种笑容，并一一列出各种笑容要表达的心情与意义，然后对着镜子反复练习，随着时光的流逝，他悄悄地蜕变着。

几年后，他的销售业绩荣膺全日本之最，并连续 15 年保持全日本销售第一的好成绩。他的销售成绩震撼着全世界的同行，他成为他们学习的榜样。

这位身高只有 145 厘米的男青年，就是被日本国民誉为“练出值百万美金笑容的小个子”、美国著名作家奥格·曼狄诺称之为“世界上最伟大的推销员”的推销大师——原一平。他的故事里充满磨难，他的生活里却没有抱怨。

把每次失败都美化为一次尝试，把每一次成功都升华为一种幸运。就这样，微笑着弹奏从容的弦乐，去面对挫折，去接受幸福，去品味孤独，去战胜忧伤，乐观面对生活带给我们的一切磨难。

人来到这世上，总会有许多的不如意，也会有许多的不公平，但是别怕！别怕什么平淡，别怕什么怀才不遇，更别怕什么委屈，只要你沉下心来，提升自己，机会总会降临在你的身上。

沉默是金

沉默是一种特殊的力量，它能够使人进行认真深入的思考，并认清自己下一步前进的方向。它使人的头脑冷静下来，重新整理自己的思绪和情感。在沉默中，我们可以更加关注内心的感受，开始看到现实世界本来的面貌。喧闹让我们无法看清现实，沉默却让我们有时间来自省。

在现实生活中，很多女人每天都是叽叽喳喳说个不停，不仅自己累，别人也听着乏味。因为在她的语言里，听不出任何有益的信息，没有任何睿智的迹象，除了千篇一律、人云亦云的世俗看法，就是牢骚和抱怨。与其让别人心烦，为何不能让自己沉默下来呢？

沉默不等于无言，它是一种力量的积蓄和酝酿。它能够让人变得充满智慧，变得更强大。生活里的很多事是我们暂时没办法解决的，既然如此，就不妨让自己暂时沉默。因为沉默也是一种表达，它能够道出一些语言所不能说清楚的东西。

廖一梅是中国近年来备受瞩目的编剧和作家，但是她在 11

年里只写了3部戏，身为一名作家，廖一梅对自己的低产安之若素。她是一个特别反感说废话的人，“我不是技巧性写作，每部戏肯定带有作者当下的状态。我的所思所想，我的触觉嗅觉，我的身体状态，就像身体的烙印一样。我觉得这个世界充满了废话和无用的信息，所以如果我不是有非说不可的话，我尽量保持沉默”。但只要廖一梅发声，就肯定是打在心上的一声惊雷。

在这个世界上，越是拥有智慧的人往往说话越少，越懂得沉默的力量。在生活中，我们经常会遇到各种阻碍，或是经历很多失败，有的人会抱怨时运不济，有的人会抱怨身边的人不能给自己有力的支持。但是那些有智慧的人，却往往在这个时候选择沉默，让自己安静一下，静静地去反思和检讨自己，避免下次继续犯同样地错误。一个人在没有完全搞清楚状况的前提下，就信口乱说，只能暴露你的无知和浮躁。特别是在面对你的竞争对手时，说得越多，隐患也就越多，无意间就把自己的弱点和硬伤暴露给了别人，这岂有不失败的道理。

沉默是化解矛盾的法宝。当我们和别人发生争论时，当双方的争吵越发激烈时，我们不妨主动选择沉默，一方面可以让自己的情绪冷静一下，避免局面进一步失控。另一方面，沉默可以让我们更客观地看待自己，考虑自己坚持的观点是不是真的存在问题，也可以认真审视一下对方所坚持的观点是不是就真的那样一文不值。在经历一段沉默以后，或许之前的争论和矛盾就不复存在了。

沉默是最有力的雄辩。当我们遭遇一些误会和诋毁时，任何的辩驳都无法扭转局面，言语在误解面前显得那么苍白而无力。

疯狂的呐喊、无休止的谩骂或是委屈的哭泣，都只能让我们更加被动。所以不妨在此时选择沉默，用时间去证明一切。忍辱负重，卧薪尝胆，当有一天终能在沉默中爆发时，一切的误解和诋毁自然灰飞烟灭。那些曾经满怀敌意的人不得不承认这样的事实，他们真的错了。

沉默是心灵沟通的桥梁。当我们身边亲密的人向我们诉说心事时，我们应该耐下心来认真倾听。这不仅是一种尊重，更是一种人与人沟通交流的技巧。如果你经常打断对方，甚至在别人的话还没讲完你就开始肆无忌惮地诉说自己的看法或是盲目地指责对方话语中存在的种种不足，那只会让对方的内心充满失落，对你产生厌恶之感。有人愿意和你分享心事，就说明对方对你有足够的信任，既然如此，就不妨让自己沉静下来，让自己的心在对方的心情故事里一同跌宕起伏。

沉默是一种历练，一种彻悟，一种对生活的宽容与超脱。掌握了沉默拥有的力量，就能让我们适应变化莫测的生活，让我们在复杂的环境里学会自我保护，并在无声的世界里实现真正的自我超越。

在等待中积蓄力量

生活中，我们几乎每一天都在等待：小孩子哭哭啼啼，那是在等待着父母回家陪他一起玩耍；老人整日望眼欲穿，那是等待着远方的孩子早日回家团聚；怀揣创业梦的年轻人整日风餐露宿，食不果腹，那是在等待着一飞冲天的机遇来实现自己的梦想；音乐家闭门不出，夙兴夜寐，那是在等待着自己创作出震撼人心灵的伟大乐章。等待是我们生命的一大主题，不会等待就不会生活。

我们身边的很多人，却经不起等待，面对挫折时总是过于浮躁，在漫长的征途上也总是急于求成，揠苗助长。“不经一番寒彻骨，哪得梅花扑鼻香”，没有一番痛苦的等待，如何能收获成功的喜悦。毕竟，机会总是留给有准备的人，留给那些有足够耐心等待的人。学会沉潜，在沉默中一点点汲取力量，时刻等待着机会的来临，这才是一个成功之人的必经之路。

懂得等待的人，一定会有足够的耐力，因为我们谁都无法预期机会何时降临，我们所能做的只有忍耐再忍耐；懂得等待的人，一定有广阔的心胸，因为当其他人获得了些许成就，成为世人关注的焦点并大张旗鼓炫耀的时候，我们只能视而不见，一笑了之；懂得等待的人，一定要有充分的自信，“金麟岂是池中物，一遇风云便化龙”。如果你真的有非凡的能力，等一等，又有什么可值得担心的呢？

一位美国小伙中学毕业后，就立志做一名优秀的商人。后来他考入了著名的麻省理工学院，但他没有直接读贸易专业，而是选择了工科中最基础的专业——机械。他的这步棋不可谓不妙，因为做商贸必须具备一定的专业知识。从麻省理工学院毕业后，他没有马上投身商海，而是考入了芝加哥大学，攻读经济学硕士学位。经过三年的学习，他在知识上已经完全具备了成为一名商人的素质。

出人意料的是，获得硕士学位后，他仍然没有从事任何商业活动，而是继续考取了公务员，去政府部门供职。因为他深知经商必须具备很强的社交能力，人际关系在商业活动中异常重要。在政府部门工作5年后，他决定辞职，之后去了父亲为他引荐的通用公司做商务工作。又经过两年，他已熟练掌握了商情与商务技巧，成绩斐然。这时，他毅然婉言谢绝了通用公司的高薪挽留，而是自立门户开办了拉福商贸公司，开始了自己梦寐以求的商海生涯。

因为他已经学会了商人应该学会的一切，已经完全具备了一名优秀的商人所应该具备的各种素质，所以他的生意进展得异常顺利，拉福商贸公司的成长速度出奇的快。20年后，拉福商贸公司的资产从最初的20万美元发展到2亿美元。比尔·拉福本人也成为美国商界的一个传奇。

在人生的道路上，不可能一帆风顺。我们应调整心态，在等待中寻找克服困难实现梦想的机会。“十年磨一剑”，等待能够给予我们希望和慰藉，可以帮助我们驱散前进路上的阴霾，让我们重拾自信以新的面貌再次接受命运的挑战。

要想取得成功，就必须做好充分的准备，必须要经得起长时间的等待。等待不是好逸恶劳，无所事事，也不是异想天开地做着白日梦。等待是让我们在失败中重新寻找希望，在沉静中坚定信念，在腾飞前不断积蓄力量。痛苦的历程，为的是等待收获成功的喜悦，为的是雨过天晴后那一缕幸福温暖的阳光。所以在失落绝望时，切忌就此沉沦，因为这个世界上总有一些美好的东西值得我们去等待。

等待是厚积薄发，是养精蓄锐，是韬光养晦，是岁月的沉淀，是心灵的升华。生活里没有什么是可以一蹴而就的，只有在等待中坚持，我们才能看到人生中最美的风景。

学会独处，建构自己的心灵避难所

独处是一种美。不要单纯地以为，独处就是我们在刻意地追求人生中的那一份孤独的境界。只是现代社会有太多的纷扰和竞争，我们无法逃避它。在某些人那里，理智的防线每每趋于分崩离析，自我失落感残酷地困扰着他们的心灵，这给他的一生留下巨大的绝望和空虚。这时候如何去自我珍惜，如何去给自己建构一个心灵的避难所以获取安宁自由的心灵之乡显得多么重要。

独处不意味着孤独、孤僻、颓废、与世隔绝。当一个人真正地进入一种高尚纯洁的孤独境界时，他才可以将心灵的触觉更深地伸入生命的内核，审视自己的内心，做一些与现实距离上的调整、迂回，捕捉到生命中若隐若现的灵感、机遇和创造的契机，同时也会产生一种俯瞰人生的力量和信心。

独处，也不是“自古圣贤皆寂寞”的幌子。后者多少带有自嘲和悲观消极的色彩。相反，独处倒可能正是为了不甘寂寞。很难想象：一个不会和自己相处的人，如何很好地与他人相处；

一个连自己都听不懂的人，如何能够听懂他人；一个不尊重自己的人，如何能够尊重他人。

从前，有一位大师，充满智慧，远近闻名。

这位大师讲道十分精彩，某一个村子的村主任就请他去讲道，他接受了邀请。到村子时，早已有好几百人等在那儿了。隆重的迎接仪式过后，大师站在讲台上开始讲话，台下的人都竖起了耳朵。大师说："亲爱的兄弟姐妹！我很荣幸今天能到这儿和大家在一起学习。但我想问一下，我今天要讲的内容，你们知道吗？"全体听众都大喊着回答："知道！我们知道！"大师停下来，看着大家笑了，说道："嗯，既然你们都知道了，我就不用讲了，对吧？"于是他一声没吭，下台走了。

村里的人都很失望，他们决定再请他一次，大师也答应了。这天到了，大师受到了传统仪式的迎接。即将开始时，他又问了和上次同样地问题。这次，大家都准备好了。所以当大师一问："我今天要讲的话题，你们知道吗？"台下所有的人就一起喊道："不知道！我们什么也不知道！"

大师停下来，脸上带着一丝调皮的微笑，说："我亲爱的朋友，如果你们什么也不知道，我讲了也白讲，是吧？"还没等大家反应过来，他又走了，所有的人都惊呆了。他们都以为"不知道"就是大师想听的答案，但大家都拒绝放弃。他们问自己："如果大师的问题既不能回答'知道'，也不能回答'不知道'，那到底答案是什么？我们怎样才能得到大师的智慧呢？"于是，村里开了个讨论会。他们集体商量好该怎么办，都觉得这回是胜券在握了。他们又一次邀请了大师。日子到了，大家又紧张又兴奋。同样，大师这次又问道：“我今天要讲的话题，你们知道吗？”大家毫不犹豫，一半人喊：“知道！”另一半人喊：“不知道！”然后，大家就等着大师的反应。大师说：“嗯，那让那些知道的人教那些不知道的人吧！”这给在场的每个人当头一击，还没等大家缓过来，大师就静静地离去了。

这下该怎么办？村里的人还是不死心，他们决定再试一回。

大师来了，他又问了同样地问题。这次谁也没说话。每个人都在一种独处的状态里思考着自己的回答，没有一群人七嘴八舌，更没有人云亦云。台下静得连一根针掉在地下都听得见。在一片寂静中，大师最终开口了，他智慧的话语流淌到了大家的心田。

大师说道：“只有在独处的寂静中，我们才能听见心灵智慧的声音。”

由此可见，真正的独处是一种境界，不是身外无人，而是即使身处闹市之中也能得到一份恬静的心境。独处本身就是一种淡淡的美。

独处，可以不受空间的限制，如果你愿意，即使你置身于熙熙攘攘的人流和闹市之中，你依然可以独处。独处的人对人对己都有一个客观而公正的态度。独处——这一主动的、有力的、积极的处世手段，正是为了更有效地面对现实，迎接挑战。独处不是孤独。孤独是一种无可奈何、无助的情感体验；而独处则是有益的、充实的、调解身心的手段。

静下心来，过自在人生

这是个浮躁的社会，每个人面前的选择很多，诱惑也很多，但成功不会藏在繁华的泡沫里，也不会躲在灯红酒绿的喧嚣中。请你静下心来，去做一件事！世间万物，皆有法则，只有远离浮躁，静心地做事，头脑才能真正找到它的位置。只有头脑不乱跑时，才能真正做到平静、无为和成功。听一声虫鸣，你也会微笑，品一杯淡茶，你也会安心，难道不是吗？

被誉为“昆虫界的荷马”“昆虫界的维吉尔”的法国著名昆虫学家、动物行为学家、作家——让·亨利·卡西米尔·法布尔，出生于法国南部普罗旺斯的圣莱昂的一户农家。出生后的头几年，法布尔是在离该村不远的马拉瓦尔祖父母家中度过的，当时，年幼的他已被乡间的那些可爱的昆虫所吸引。

长大以后，法布尔发表了《节腹泥蜂习性观察记》，这篇论文修正了当时昆虫学祖师莱昂·杜福尔的错误观点，由此赢得了法兰西研究院的赞誉，被授予实验生理学奖。这期间，法布尔还将精力投入到对天然染色剂茜草或茜素的研究中去，当时法国士兵军裤上的红色，便来自于茜草粉末。

贫穷的他，长年靠着中学教员的薪水维持一家人的生计。他节衣缩食，省下一枚枚小钱，一寸一寸空间地扩增设备，年复一年地积累研究资料。

功夫不负有心人，经过多年的努力，他获得了此类研究的三项专利，应公共教育部长维克多·杜卢伊的邀请，负责一个成人夜校的组织与教学工作，但其自由的授课方式引起了某些人的不满。于是，他辞去了工作，携全家在奥朗日定居下来，并一住就是十余年。在这十余年里，法布尔完成了后来长达十卷的《昆虫记》中的第一卷。

在此期间，他多次与好友一同到万度山采集植物标本。此外，他还结识了英国哲学家米尔，但米尔英年早逝，使两人先前酝酿的计划“沃克吕兹植被大观”夭折。同时，一大不幸降临到法布尔身上：他共有 6 个孩子，其中唯一与父亲兴趣相投、热爱观察大自然地儿子儒勒年仅 16 岁便离开了人世。此后，法布尔将发现的几种植物献给了早逝的儒勒，以表达对他的怀念。

真菌是法布尔的兴趣之一，他曾以“沃克吕兹的真菌”为主题写下许多精彩的学术文章。他对块菰的研究也十分详尽，并细致入微地描述了它的香味，美食家们声称能从真正的块菰中品出他笔下所描述的所有滋味。

后来，他用好不容易积攒下的一小笔钱，在小镇附近购得一处坐落在荒地上的老旧民宅，并用当地的普罗旺斯语给这个处所取了个风趣的雅号——“荒石园”，使这里成了一座花草争妍、百虫汇聚的乐园，他开始过上了远离喧嚣纠纷的田园生活。

这是一块荒芜的不毛之地，但却是他钟爱的土地。除了可供家人居住外，那儿还有他的书房、工作室和试验场，能让他安静地集中精力思考，全身心地投入到各种观察与实验中去，可以说这是他一直以来梦寐以求的天地。就是在这儿，法布尔一边进行观察和实验，一边整理前半生研究昆虫的观察笔记、实验记录和科学札记，完成了《昆虫记》的后九卷。

40 多年里，法布尔深入到昆虫的生活之中，用田野实验的方法研究昆虫的本能、习性、劳动、婚恋、生育、死亡。蜘蛛、蜜蜂、螳螂、蝎子、蝉、甲虫、蟋蟀等皆成了他笔下的小精灵。

他一边行走于生物世界，过着自由自在的淡定生活，一边锲而不舍地观察和研究大自然与昆虫，直到生命的最后时刻。如今，这所故居已经成为博物馆，静静地坐落在有着浓郁普罗旺斯风情的植物园中。

生活的喧嚣很容易让我们疲惫。也许欣然接受生活的变化，固守自己心中那一片净土，可以体会到怡然自得的妙趣。大地就在我们的脚下，脚踏实地才是一切的开始。

别在
吃苦的年纪
选择安逸

第七章

人生有多残酷，我们就该有多坚强

只有从这一秒开始努力，下一秒走得才不那么费劲。

如果这一秒还不开始，那下一秒永远不会到来。

虽然我不知道明天会发生什么，但我知道：行动，能够决定你下一秒的未来。

你是人见人捏的“软柿子”吗

软柿子也就是生活或职场中的“老好人”，他们总是对别人鞍前马后，不求回报，不计得失……时间一长，他们就成为大家“麻烦”的对象了。

在我的身边，有很多软柿子，比如丹丹。

丹丹是一个内向胆小的姑娘，这让她吃了不少“哑巴亏”。

丹丹当护士已经5年了。科室一共有20多名医护人员，医生大多是男性，护士是清一色的女性。丹丹上白班，每天工作8小时，一周工作5天。由于有早晚班之分，她一般都是中午12点或傍晚6点两个时间点下班。由于丹丹内向的个性，爱好也只是画画、养花。下班后，她习惯回家吃饭、看书、上网、陪家人，偶尔跟科室同事吃饭、K歌。

同丹丹在一个科室的护士则喜欢下班后在一起打麻将，一般都有固定的几个牌友。几天前，一个牌友有事来不了，局面就变成三缺一。

一天，同科室的大姐就叫丹丹一起玩，丹丹羞涩地说自己不会玩。大姐就软磨硬泡地说：“不会我教你，很好玩的。”就这样，丹丹跟她们玩了一次。实际上，丹丹比较讨厌打牌，讨厌那种喧嚣的氛围，还有烟雾缭绕的环境。

可没想到，这样的状况持续了很久。一遇到同事下班约她打牌，丹丹心里就很是苦恼。本来就不太会拒绝人的她也曾说过“不想去”，但在同事的软磨硬泡下，每次到最后都被迫陪打。同事们“游说”的那些话，丹丹随口能背出几句：“去嘛，你看我们三缺一，心里好难受啊。”“哎呀，就是几个同事耍一会儿，不会有好大个输赢，就当是混时间。”“你跟我们一起玩吧，我的好丹丹。”……

几个月下来，丹丹被迫陪同事打麻将让自己“很受伤”——每次打牌都会输掉 100 元以上。本来护士的工资就没多少，这样下来连生活费都不够了。前几天，同事又与她约好了下一场牌局。无奈之下，丹丹只得向朋友求助。

当朋友问起同事为什么总是找她打牌而不是其他人的时候，丹丹猜测地说道：“可能她们知道我是个胆小的，不会拒绝别人的人，而且心软，说几句好听的话就动摇了；她们知道我也不会打牌，话又比较少，觉得我的钱比较好赢吧。”

当然了，打牌还给她带来了一些负面影响，本来在这个月，她要去参加一个中医护理的征文比赛，就因为她们老是约在一起打牌，最后错过了交稿时间。丹丹心生不满：“一下班就被她们拉着去打麻将，回到家都晚上 12 点多了，洗漱完就凌晨 1 点多了，想想第二天还得上班，根本没有写文章的状态，也没有那个时间。”

虽然是被迫打牌，丹丹也怕自己玩着玩着上瘾，所以心理压力一直比较大。她说：“打牌的那段时间，每天晚上睡觉都梦见打麻将，精神状态非常不好，父母还以为我生病了呢。”

朋友劝告她："你就跟她们说最近家里有点事，很忙，去不了就行了啊。"然而，丹丹觉得这并不能解决实际问题："我知道说这话可以拒绝别人，可是我真的不好意思说出口……"

实际上，像丹丹这样的女孩随处可见。她们缺乏自信，不敢对别人说出真的想法。时间一长，别人就会把她们定义为人见人捏的"软柿子"。

对于丹丹这类人群，特别是都市白领而言，这是由自身心理障碍所造成的。这类人群对这种复杂的人际关系充满了恐惧，很担心如果开口拒绝别人，会被当作不合群的"另类"，因此很容易成为人见人捏的"软柿子"。

从心理学角度来说，这种人见人捏的"软柿子"在于其没有建立起健全的界限意识。这个界限意识不仅是生理或心理上的，也是情绪上的。界限意识模糊的人，常常意识不到别人已经"越界"的请求，即使不情愿，也不会拒绝。实际上，你希望别人礼貌地对待你，尊重你，首先就要向别人明确你的原则、底线以及为人处世的方式方法，让别人对你有一个心理预期。可以说，决定别人如何对待我们的关键因素恰恰是我们自己。因此，我们要做一个有明晰界限的人，清楚自己的权益和义务，当受到侵犯时，我们就要坚决采取措施保护自己。

生活或职场就像是一场江湖，所谓江湖险恶，我们应该懂得明哲保身的方式方法，绝对不做软柿子。只有抬头，才能看见满天的星星；只有行动，才能追逐美好的梦想；只有不断强大内心，才能学会拒绝，突破自己。

不改初心，也不能没有原则

作为一个社会人，不管是谁，在为人处世上多多少少都会遇到责任与人情的对碰，这个时候对责任坚持就应该很理性地站出来。我们这样做并不是为了求取别人点一个“赞”，也不是为了大家说一句“好”，而是在保持初心的前提下，坚守原则。

陈菲菲和男友已经相恋很长时间了，但他们之间却发生了不可调和的问题。

原因很简单，陈菲菲个性温和，与人很好相处。可是她发现男友的真实个性却是锱铢必较，经常为了小事而发脾气。这让陈菲菲很苦恼，为了求取两个人的和平共处，她只能尽量迁就男友的行为。

但菲菲的闺密却认为，菲菲这样做没什么意义，除了累不会有别的收获，不如放手。只是菲菲舍不得，这么长时间了，她不能说放就放。于是只能更加没原则地迁就男友。后来，男友却对她说：“你做人一点儿个性也没有。”因此，两个人最终分手了。

没有原则的女人会让男人的尊重无从开始，于是他们会轻视女性，认为既然她都可以没有原则，那么他就可以在这个女人面前为所欲为。所以，温柔与迁就固然是女人的美好品质，却不应该因此而失去自己的底线。

李媛和陈思思同一年进入公司，彼此是工作中最好的朋友。除了在工作中，他们在生活中也好得跟亲姐妹似的，她们一起吃饭，一起逛街，一起去做美容，办公室的同事们评价她俩“穿一条裤子都嫌肥”。

李媛与陈思思的性格完全不同，陈思思总是抱怨工作如何累，工资少得可怜，连一分钱的灰色收入都没有，还经常说自己的家境不好，生活如何艰难。而李媛觉得，虽然工资不高，但工作还是充满乐趣的。至于家境，这是无法改变的，不过李媛经常会拿自己的工资请陈思思吃饭，买衣服也会买两件，还经常会在陈思思忙的时候，给她带一些外卖或水果。

慢慢地，李媛和陈思思的友谊日益加深。但令李媛做梦也没想到的是，陈思思竟然欺骗自己，还在背后耍手段，真是人心隔肚皮啊！

前不久，上司让陈思思去了策划部，让李媛接手购买办公用品的工作。上司对她说：“办公用品不要买杂牌的，尤其是硒鼓，以免损坏打印机。”李媛答应下来，为了公司的长远利益，当然是买好的了。巧的是，就在她张罗买硒鼓的时候，公司里的2台打印机都打不出字了。

李媛找到陈思思问关于硒鼓以前是什么型号的，价格怎样，结果陈思思避而不谈，巧妙地找了个话题转移了。见她这样，李媛只得自己去找采购的地方。很快，她就在网上找到一个销售平台，价格比原来的便宜不说，还有抽奖活动。在不损害公司利益的情况下，又能给自己带来好处，何乐而不为呢？

于是，李媛咨询了一下。没想到，他们还是一家大公司，在北京、上海、成都之类的城市都有分公司。如果买的话，第二天就能收到货。

后来，李媛就买了2支，果然第二天就收到货了，李媛查看了一下，质量比以前不知道要好多少倍呢！也是她高兴得太早了，没过几天，硒鼓就不能用了，输出的文字很浅。李媛立即给网购平台打电话，他们说不会的，他们卖出的硒鼓从来没有发生过这样的情况，不过他们很快给她发了一个新的硒鼓。李媛换完后，一切恢复正常。过了一周，又发生了同样地情况，无奈的李媛又联系到了网络平台。网购平台的客服觉得蹊跷，立即派人来公司看看。

这时，公司里的员工开始议论纷纷，说李媛花高价买冒牌硒鼓捞回扣，让公司蒙受损失，是个黑心的女人！本来很小的一件事，没想到在公司造成了这样的影响，上司也很快得知这件事情，就前来看看怎么回事。等网络平台的技术员和负责人赶到，经过检测核实后，给出了结果：硒鼓是人为损坏的，左侧拉簧被拆掉了。

就这样，李媛的冤屈被洗刷了，另一个秘密也被揭开了。原来，陈思思买的硒鼓成本很低，只有几十块，可没想到她上报的价格是600多元，公司1个月平均消耗2个硒鼓，也就是说，陈思思每个月都会有1000元左右的灰色收入，她制造事端，就是想让公司领导明白，她才是办公用品采购的最佳人选。可没想到，她搬起的石头把自己的脚砸了。

第二天，陈思思再也没在公司出现过，同事们都说她是没脸在公司混下去了，主动辞职了。

事情过去了，生活又恢复了平静，这件事给李媛敲响了一个警钟：做人，一定要有自己的底线，不要忘记自己最初做某件事的初衷。

陈思思以为自己捞回扣这件事隐藏的天衣无缝，没想到还是露出了马脚。为了掩盖自己做的这些事，不惜牺牲与李媛的友谊，真是令人气愤。不过，隐藏得再好，总有一天所有的事情都会暴露在阳光下的。

做人一定要有自己的底线和原则。在职场中，员工的荣辱是与公司息息相关的。凡是只想着自己利益的人，很快就会被职场淘汰，甚至被这个社会淘汰。相反，像李媛这样有原则，有底线的人，总会被委以重任的。

永远不要沦为食物链最底端

这是一个弱肉强食的世界，动物界如此，人类也是如此。

在动物界中，奔跑速度最快的应该属猎豹了，20 米 / 秒，当它捕猎时，会悄悄潜伏于草丛中，屏住呼吸，等猎物靠近自己时，猛然跃起，瞬间就能生擒猎物。如果遇到一些高大健壮的猎物，比如，角马、斑马之类的，猎豹就要费一番功夫了。

由于是天生的捕猎好手，猎豹只吃新鲜的猎物。

为了躲避猎豹或其他强者的猎杀，弱小的动物们总会集结在一起，寻找一个最合适的机会，去寻找最安全的环境。即便居无定所，也是值得的。

可惜的是，它们总会遇到各种各样的猎手，比如：狼、狮子、豺狗、鳄鱼……可以说，有动物的地方，就是一个弱肉强食的地方。

人类也一样。

社会也已进入“快鱼吃慢鱼”的时代，企业要想长盛不衰，就必须在各个方面进行创新……所以说，现代社会竞争要求一个团队也必须是一个创新型团队。

微软总裁比尔·盖茨讲“微软离破产永远只有180天”；海尔总裁张瑞敏“战战兢兢，如履薄冰”；华为总裁任正非大谈危机管理。……这些言论并不是“世界末日式”的危言耸听，而是残酷的“弱肉强食”的规则，是优胜劣汰的生存法则。

如果你不创新的话，别人就会超过你，把你踩在脚底下，让你沦为食物链的最底端，然后让你从此消失。

其实，无论是在企业中还是在生活中，“食物链”总是存在的，比如：上司与下属之间，商家与买家之间等，都是一个循环的食物链。

电影《十万个冷笑话》中，一个总监助理说了这样一句话：“工作多，没提成，人家休假我加班。房贷没还清，保险自己买。不过好在我不用交停车费，因为我根本买不起车！”尽管这位助理的现状惨不忍睹，让他对自己都有些自嘲，但他的苦恼恐怕和所有处于职场食物链底端的人是一样的。要想改变现状，不做食物链最底层的人，首先要做的就是“反抗”，不管是企业创新，还是自我努力，都要明确自己的立场；其次要知道自己想要什么，是做弱肉强食的“肉”，还是弱肉强食的“食”。

也许你会说这也太夸张了吧。对的，事实就是这么夸张！残酷的竞争无处不在，上百人甚至上千人争夺一个职位，上千人上万人去争夺一个项目，几十万上千万人去分走俏商品的一杯羹……

这难道还不残酷吗？你不强大起来，很容易被别人踩在脚底下。雄鹰为了生存，与对手竞争是必要的。我们为了爬得更高，与对手竞争也是有必要的。如果你面对风风雨雨不去尝试突破，那将生存于这个弱肉强食的世界，甚至被淘汰。

当然，谁都会有从弱到强的过程，只是在你弱的时候，不要忘记去挣扎，去挣脱，除非你想被踩在脚底下，沦为食物链的最底层。

记得在20世纪80年代，著名的摇滚歌星崔健有首歌的歌词是这样唱的："不是我不明白，这世界变化快。"的确，世界变化得太快了。

在20世纪80年代，你拿部"大哥大"手机，那你绝对是公认的大款。10年后，中国使用手机的用户高达1亿人。如今，真的是人手一部，甚至两部了。在这期间，上演了多少场世界级通讯巨头的拼杀、商战，也上演着国产手机厂商奋勇争夺的一幕幕历史悲喜剧……社会已进入资讯时代，科技日新月异，没有一个产品能永远畅销。企业如此，个人也更需努力进步。

绷紧身上的每一根神经吧，残酷的，更残酷的事实就摆在你面前，到底如何面对残酷，一切都要看你怎么做了。

下一秒再努力 =N 秒不努力

生活中有很多这样的人，总想把眼前的工作或事情放到明天，认为明天再努力也一样。要么会列下一些计划，认为这些计划并不适合自己……还有的人会把“太累了”“太忙了”挂在嘴边，还说等明天再努力吧。

当你有这样的念头时，说明你已经放弃努力了。努力，必须踏出一步。你连开始都没有，又怎么会努力？如果说忙，没时间，那你哪来的时间看网络小说，哪来的时间刷朋友圈，哪来的时间网购？

没有行动力的计划，只会让你变得懒惰，变得不求上进，甚至毁了你。没有行动力的后果很严重，它先是拖延，随即就是对你的无形压力，甚至压迫你，逼迫你，让你对生活无望，消磨你的斗志，打击你的信心。

苏莎莎是一名杂志社的编辑，而且是优秀员工。她交给老板看的工作日程表每天都排得满满的，而且从不拖延。老板很欣赏她，每次加薪都让苏莎莎满心欢喜。不仅如此，苏莎莎在下班之余，还努力学习，报了进修班，她的口号就是："充实自己，实现价值。"不仅关注工作，苏莎莎也关注自己的健康和美丽，她还报了瑜伽班以及美容美体项目，因为一个女人的魅力不只是具备才华，更要柔情与美丽……

苏莎莎真是个优秀的女人，可她毕竟是金字塔的顶端，芸芸众生的女人们只能在金字塔下端游走，且高呼那样的话，未免活得太累。大部分格子间的达人们基本上都处于陈思思的状态——

陈思思和苏莎莎是大学同学，也是一个公司的编辑。陈思思的口号是"不做最优秀的，但做最舒服的自己"，所以大家送她外号"拖延大王"。时至今日，她活的未免过于舒服，而显得有些懒散。比如，她时常穿得很邋遢，但她自称这是一种来自日韩服饰的"慵懒风格"，其实她就是懒得洗衣服；比如她每天都会迟到，即使公司会扣她的工资，她还是不愿准点到。其实陈思思就没什么业余生活，她回到家第一件事情就是打开电脑，进入网络游戏的版面，然后整个人就陷入了真空状态，与空气融为一体，当然，她倒是一个很安静的邻居……

3 年之后，苏莎莎已经是一个外企公司的部门经理，作为领导，她每天并未放松对自己的要求。苏莎莎每天工作还是很忙，但她喜欢这种充实的感觉。她每天除了完成大量的工作之外，还要坚持健身、美容、美体，怪不得大家都从心里佩服她，夸奖她的勤奋，认同她的优雅、美丽与智慧。

而 3 年之后，陈思思还在上网投着简历，她觉得今年的工作特别难找，索性赖在床上睡觉，结果睡的昏天暗地，直到把信用卡的钱透支空了，她才慌了起来……

没想到仅仅 3 年时间，站在同一个起跑线上的两个人，竟然相差如此之多。这一切让陈思思措手不及，望着金字塔顶端的苏莎莎，内心羡慕嫉妒恨，除此之外，她竟然没有想过，自己究竟败在何处。亲爱的你，是不是和陈思思的状态相仿，也在懒惰中高呼“慵懒主义”？

别傻了，醒醒吧。

像故事中的陈思思一样，凡是喜欢拖延的人们都有一个借口——下一秒再努力。实际上，在他们反反复复地催眠中，一拖再拖就是这样诞生的。

想想一开始故事中的苏莎莎和陈思思，你是想达到金字塔的顶端，做一个领导者，还是做那个工作几年之后，还拿着简历到处投掷的呢？

相信每个人心中自有答案，因为据说工作是最有弹性的，就像弹簧，如果给它的东西越多，力道越大，它才能反弹得越远，给予你的也就越多。

只有从这一秒开始努力，下一秒走得才不那么费劲。如果这一秒还不开始，那下一秒永远不会到来。虽然我不知道明天会发生什么，但我知道：行动，能够决定你下一秒的未来。

需要一点毅力

美国著名作家狄更斯说过："顽强的毅力可以征服世界上任何一座高峰。"

每个人都有自己的理想和梦想，每个人都渴望成功和胜利。然而前进的道路不可能是一帆风顺的，总会遇到困难的阻挡，而这时，你是选择畏缩退避还是勇往直前呢？而让你最终一直走下去的法宝是什么呢？那就是毅力！毅力往往表现为一个人在挫折中所展示出的惊人力量，有了它，人们就不会向挫折和困难低头，会更坚强地去面对。毅力就是：坚持，坚持，再坚持，我们一定能够到达胜利的高峰！

山德士是享誉全球的肯德基的创始人，他的一生中经历了无数次失败，但他坚持信念，忍受了一次又一次的挫折、痛苦、失败和考验。

1890 年，山德士出生于美国印第安的一个农庄，一家五口靠着父亲的工资勉强度日。

山德士 5 岁时，他的父亲突然病逝，没有留下任何财产，母亲不得不日夜打工，白天去食品厂削土豆，晚上给人家缝衣服。懂事的山德士为了给母亲分忧，主动挑起了照顾弟弟妹妹的重任，并成为烹饪能手。

山德士 12 岁时，母亲改嫁，继父十分严厉，常在母亲外出时痛打他。14 岁那年，他 6 年级，既不想继续读书，也不想待在家里看继父的脸色，于是他决定出去工作，重新换个环境，接着，他开始了自己跌跌撞撞的流浪生涯。16 岁，他参加了远征军，却因航行途中晕船厉害，被遣送回乡。18 岁，他娶了个媳妇，几个月后，他的媳妇卷走了他所有的财产。从 20 岁到 30 岁，他便尝试各种工作，电工、铁路工人、保险推销员，事事不顺。31 岁那年，他自学法律，并做了律师，却在法庭上与当事人大打出手，第二年就失业了。后来，他找了一份轮胎推销员的工作，本来指望顺顺当当挣点钱，不曾想，更加不幸的事情发生了：35 岁那年，他开车路过一座钢绳断裂的大桥，跌到河中，身受重伤，不能再继续工作了。

40 岁的时候，山德士来到肯塔基州，开了一家可宾加油站，他看到前来加油的客人饥肠辘辘的样子，于是萌发了一个念头：顺便做点方便食品来满足这些人的需求。于是，他在加油站的小厨房里做了点日常饭菜，并推出了自己的特色食品——炸鸡，赢得了客人们的交口称赞，让他的餐厅生意越来越好。可惜的是，后来因挂广告牌把竞争对手打伤，引来一场纠纷，他的生意跌落到谷底。

47 岁时，他与第二任妻子离婚，三个孩子深受打击。49 岁时，二战爆发，由于政府的汽油配给政策，让他的加油站关门了，从此他专心经营自己的山德士餐厅。几年后，政府颁发了新建横贯肯塔基的跨州公路计划，新建的高速公路穿过他的餐厅旁边，让他不得不放弃餐厅，变卖资产，偿还债务。

56 岁时，他只能依靠每月 105 美元的救济金勉强维持生活。困境中，他想起把炸鸡做法卖给一些饭店老板。66 岁那年，他身穿白色西装，打着黑色蝴蝶结，从肯塔基州到俄亥俄州，兜售炸鸡秘方，开始的时候，没有人相信他，整整两年，他被拒绝了 1009 次，终于在第 1010 次走进一个饭店时，得到了一句“好吧”的回答。

后来，盐湖城第一家被授权经营的肯德基餐厅建立了，这是世界上餐饮加盟特许经营的开始。紧接着，山德士的业务像滚雪球般越滚越大。5 年内在美国和加拿大发展了 400 家连锁店。

75 岁时，他转让了自己创立的品牌和专利，并拒绝接受新主人给他的 1 万股，后来公司股票大涨，他却与亿万富翁的命运失之交臂。83 岁时，他又开了一家快餐店，却因商标专利与人打起了官司。88 岁时，他才真正拥有自己的事业，全世界都知道了他——全球最大的炸鸡连锁集团的创始人。

毅力是一种优良的意志品质。纵观历史，但凡有一些成就的人，都能在他们身上看到毅力的体现。音乐家贝多芬双耳失聪，不仅没有向命运低头，还用心灵谱奏了一首又一首美妙的乐曲；伟大的发明家爱迪生在实验中失聪，他不仅没有放弃继续发明，还创造出了一个又一个奇迹……

成功者以顽强的毅力书写传奇，并告诉我们：成功需要顽强的毅力！只要我们具有顽强的毅力，再高的山也能攀登上去。

1905年，洛伦丝·查德威克成功横渡英吉利海峡，创造了一项前无古人的记录。2年后，她从卡德那岛出发游向加利福尼亚海滩，想再创造一次奇迹。

那天海上浓雾弥漫，海水冰冷刺骨，在海水里艰难地游了16小时后，她有些坚持不下去了。那时的她，嘴唇被冻得发紫，身体没有什么力气。她看着一片雾蒙蒙的远方，觉得自己已经没有什么希望成功。她这样想着，身体立马瘫软下来，连拨弄水的力气都没有了。

“我放弃了，把我拉到船上吧。”她有气无力地对船上的人说。

船上的人鼓励她说：“再咬咬牙，坚持一下吧！只剩下一英里远了。”

她想怎么可能只剩下一英里，她连岸边都看不到，他们一定在欺骗自己。“不，我已经没有了力气，我快要被冻死了。”虽然船上的人觉得可惜，但还是把她拉到岸上去，并拿毛毯把她裹住了。

开船的人开足马力，很快海岸线就从浓雾中显现出来……她后悔极了！就差这么点儿工夫，她就能创造新的奇迹了。

原本岸上的人都在欢呼，都在等着为她庆祝，可没想到，在最后一英里，她选择了放弃。

所谓："行百里者半九十。"100 里路，走了 90 里也相当于是一半。就像洛伦丝·查德威克一样，最后的那一英里，才是衡量成功最关键的一英里。

每个人的一生中，都会遇到这样的事情，当离成功近了，却因为自身的原因或其他选择放弃，那成功就离得更远了。有时，就差那么一点儿毅力，一点儿努力，成功就能触手可及了。

有个屡次失败的年轻人去求助智者："请您帮帮我，为什么我那么努力，还是没有成功？"

智者说："去看看《世界年鉴》中的第 720 页。"

年轻人来到图书馆，找到这本书后，发现第 720 页写的是棒球运动员一生的击球平均数。排在第一位的击球手的平均击中率是 0.367。

年轻人感到很疑惑，随即找到智者："我不明白您是什么意思，棒球运动员的平均击球数和我的失败有什么关系？"

智者说："一个最伟大的击球手的平均击中率是 0.367。也就是说，每 3 次站在本垒的位置上，只有一次可以击中，两次击不中。即便是这样，他仍然是最棒的。"

年轻人恍然大悟，感谢了智者的点拨。

其实，不管成功的人是著名的运动员、演员或是商人，人们总是把他们的成功称之为"有天赋""幸运"等，其实不是的，他们只不过是比普通人多了些毅力，所以才能成功。当然，毅力并不能保证你一定能够得到自己想要的，但它会让你成为一个更完美的人。

即便你在某件事上成功了，做到有毅力了，也不要沾沾自喜，因为生活中需要毅力的事情有很多。坚持下去！这是唯一离成功更近的途径。

居里夫人曾经说过："人要有毅力，否则将一事无成。"毅力和壮志是事业的双翼，二者缺一不可，如果你没有坚韧的毅力，你的事业就会像雄鹰断了一个翅膀一样，不可能展翅飞翔，不可能翱翔出你的一片天空，所以毅力是你事业成功的根本保证。当失败降临到你头上时，千万不要灰心丧气，要充满希望。因为失败只是暂时的，只要欲望强烈，毅力坚定，就一定能扭转乾坤，转败为胜。

走得困难就对了，说明你正在走上坡路

别人的成功并不是唾手可得的，当看到别人有拿得出手的成绩时，你要想道：他在背后吃了多少苦，受了多少罪。你之所以没有像他一样或学有所成或事业成功，原因就在于你吃的苦、受的罪还不够多。

有次跟朋友去KTV，在去洗手间时看到一个30岁出头的男人坐在地上哭泣，嘴里还念叨着“太累了，太累了”。我不知道他遇到什么事情要借酒消愁，不过他的这个状态经常在电视上或电影中看到，无非就是遇到家庭难题或事业难题……

回家后，我一直回想着那一幕。有时，我不也这样，因为一些压力喘不上气，甚至觉得生活无望，没有活下去的意义吗？其实，不管是谁，都会有这种经历。此时，我们只能鼓励自己：走得困难就对了，说明你正在走上坡路。因为正在走上坡路，所以会痛苦；因为正在走上坡路，所以要坚持。

如果你不信的话，那我再换一种方式。如果你知道在某地

藏着一些黄金，你会不会去挖？你肯定会爽快地回答：当然要去挖了。但不幸的是，你唯一的工具就是一把小铲子，而你又不知道黄金埋藏的具体位置，这时你会怎么办？是继续挖下去，还是选择放弃？

人生就跟挖黄金一样，也许一开始找不到黄金的具体位置，会浪费一些时间，但等你挖到了，一切付出就是值得的。

看电视节目《职来职往》，才知道了思想睿智、语言犀利的刘同。后来通过百度词条，了解到一些关于他的经历和成就。原来，一个人从幕后走到台前是那样的不易。

刘同绝对算是一个刻苦、努力的人。一开始，他做出镜记者，每天出镜，还做专题。每天的任务就是想不同的点子，为的就是逗乐观众。下了班以后，他也不闲着，跑到网吧里，泡各种论坛，为的就是找段子。

他县城里、村里的亲戚，在电视上看到他后，觉得他一定赚了很多钱，不然怎么总上电视呢。据他后来说，当时有人传他年薪 100 多万。其实，那时他的工资才 900 块一个月，一年 12000。有一年春节，刘同没敢回家，因为好多亲戚都等着他给小孩子红包，可他的口袋里只有 100 多元，还欠同事 1000 多。

他经常会想：我要怎么做，才能让自己的工资高一些。后来，他想到了考研究生。经过几个月的复习，他终于重新坐在了改变命运的教室。可惜的是，他的英文差了一分，落榜了。

接着他继续开始投简历，并在光线传媒找到了一份工作。一年的湖南电视台经历，让他累积了很多经验，所以他在光线传媒的面试会上游刃有余。

面试顺利通过，不过面试官说工资给不了多少。刘同想：北京的生活成本比较高，是长沙的两三倍，如果给不了多高的话，有2000元也行，1800元也知足……如果实在给不了那么多的话，那就1500元吧，反正租个地下室只需要600左右，还有剩余。

“先给你6000元，以后根据你的业绩再涨。”面试官这样说道，刘同忍不住吞了吞口水，6000元，相当于是自己曾经工资的几倍啊！他想：一个月6000块，每天就是200，如果当天下午入职的话，他就可以赚200元钱了。

“今天可不可以入职？”刘同试探地问道。没想到面试官说可以。

到光线后，他的第一份工作是为一个娱乐节目写笑话。他一写好，就会讲给同事们听，同事们笑了他才作罢，如果不笑，那他就会继续写，饭不吃、觉不睡地写。

慢慢地，公司的领导开始注意到他了，因为他写得实在是太好了。就当他以为自己的春天到来时，节目因为运营问题被撤掉了，同时他的收入也降低了很多。其实，像这种事情很常见，即使你个人再有才华，但你的命运始终跟部门利润相连。

当时年轻气盛，刘同认为自己没有受到重视，就接受了另外一个节目的邀请。谁说“外来的和尚好念经”？刘同可没体会过这句话，他的到来让许多人质疑。

他委屈极了，再怎么着，自己也在电视行业待了几年，成绩是有目共睹的，为什么大家会质疑他。为了证明自己的价值，刘同静下心来，全身心投入到工作中。在接下来的一年里，刘同睡觉时总会惊醒，他梦见自己被老板开除了。

一年后，没有人再去质疑他，他不仅为节目做了很多贡献，还写了三本书。后来，他还是选择了离开，回到了光线传媒，一方面他认为自己应该有更大的发展空间，另一方面是因为光线传媒对他的认可以及不停地邀约。如今，他已经是一个能够独当一面的媒体人了。

如果你也像刘同一样，被人质疑，甚至对生活无望，不妨用这句话来鼓励自己："走得困难就对了，说明你正在走上坡路。"这跟爬山是一个道理，上坡困难，下坡就轻松了。

除了努力，你还能做什么

前不久整理房间，想把不要的或年份已久的东西扔掉。偶然间，我翻出了一个带锁的日记本，锁已经生锈坏掉。

封面是一幅风景画，翻开第一页，上面写着：我的人生即将开始。字迹歪七扭八，内容极其幼稚，像流水账一样，不过我还是忍不住笑了，笑着笑着就开始感慨时光的流逝。

每一篇日记下方，要么摘录一句名人名言，要么写一句对自己的鼓励，其中最多的是：

我有一个梦想，长大了要当作家。

我有一个梦想，长大了要当科学家。

我有一个梦想，要成为一个成功的人。

……

我想不透的是，为什么我那么贪心，竟然想要这么多梦想。更想不透的是，梦想在当时为什么那么廉价。好吧，当年我还小。

不过，关于梦想的实现，答案只有自己知道。

上大学时，班上有个女生非常努力，每天都泡图书馆。你刚睡醒，她已经走出寝室。宿舍快关门熄灯，她才回来。考试的结果更是令人发指，在大家只为60分及格暗暗自喜时，她几乎满分……看见她，你会感到非常惭愧，恨不得抓住她的肩膀，拼命地摇晃着说：姐姐，给我们一个活下去的勇气。

有一次，我问她："你为什么这么努力？"

她想了想，说："努力一点，就能改变人生。我不知道怎么改变，但努力总会改变。还有，我不知道除了努力以外，我还能做什么。"

她说这些话时，有些失落。是啊，如果你没有好背景，除了努力还能做什么？如果想成为成绩优秀、名列前茅的人，你除了努力读书还能做什么？

刚到北京工作时，就遇到了一个好老师，她总会耐心地教我每一件事。有一次，老师的哥哥要做一个广告文案，让我来练练手，于是我就做了一个。给他们看时，他们都说我适合做这行，写出来的东西有灵气，很有画面感。为此，我兴奋了很久。但实际上，等工作时间一长，我就发现了自己离想象中的样子还差得远，无论是从眼界看，从专业能力看，还是从知识储备看。

幸亏，这是一个"弱肉强食""你行你就上，不行就下来"的时代，于是我"被逼"前行，翻开了以往懒得看的书，耐心跟有经验的人讨教，还了解了不少畅销书的排名……只有这样，我才能感觉到自己的缓慢成长，虽然慢，却倍感踏实。

也许现实是有些残酷，但这才是真实的世界。去努力吧，努力了，生活才有其他的可能。

如果想出人头地，改善父母以及自己的生活，你除了努力还能做什么？如果想要拿下一单生意，你除了努力还能做什么？如果想要卖出房子、车子或其他，你除了努力销售还能做什么？

道理大家都懂，心情澎湃时，就暗自下定决心，等第二天醒来，昨天的澎湃言论又烟消云散。亲爱的朋友们，我们不再是个任人摆布的孩子了，不是什么都听着父母的话，做着父母想要我们做事的年龄了，所以不要再整天坐在电脑前，开着微博网页，刷着毫无意义的言论了，即便你再嚷着宋钟基是你老公，他也不会等着你下班，给你一个拥抱或微笑。即便你再嚷着这个世界是你的，等你回到家，依旧只能吃着泡面。

快醒醒吧！

你想要环游世界，想要“世界这么大，我想去看看”，于是你关注各种旅游网站，看机票，看攻略，收集经验。关掉网页，你继续玩游戏，与他人闲聊，让你的旅行只在自己口中。

你对某个人怦然心动，想要和TA恋爱，于是你关注了TA所有的社交。即使你们没说什么话，没见过面，你也会知晓TA每天干了什么，心情如何，喜好是什么。可是，你始终沉浸在“暗恋”中，止步不前……

你羡慕别的姑娘追到了自己的男神，你羡慕一个胖子几年不见成为一个身材苗条、富有女人味儿的人，你羡慕那些比你成功、过得比你好的人……有时，你还会埋怨社会不公，感叹世事难料。

对此，我只能对你说：自作自受。

不要总看见别人的表面，而忽略别人背后的努力。在你看见别人学习成绩突飞猛进时，别忽略了别人的挑灯夜读；在你看见别人在事业上有所成就时，别忽略了别人如何赢得客户，如何获得团队的信任；在你看见胖子变成了瘦子，别忽略了 TA 挥汗如雨的经历；在你羡慕别人的好背景时，别忘记人家父辈的努力。所以说，除了努力，我们还能做什么，还可以做些什么？除了努力，就是努力了。

第八章

按自己的意愿过下去

在这个世界上，大多数人都是普通的人。

但即便我们普通，也有权利去过自己的生活，去搭建属于自己的世界。

生活是自己的，永远不按别人的意志生活

意大利诗人但丁曾说过：“走自己的路，让别人去说吧。”的确，人生应该由我们自己主宰。

30 年前，在美国的一所小学的作文课上，讲台上的语文老师珍妮给出了一个醒目的作文题：《我的梦想》。讲台下的一位小朋友阿尔杰想了想，飞快地写下了这样一段话：

“我的梦想就是：我希望将来自己能拥有一座几十公顷那么大的庄园，我要在这片广阔的土地上种植大片大片的植被，让这里一年四季绿草如茵，万物争荣。我还要在我的庄园里盖起许多许多的小木屋，还要规划很多很多的烤肉区，另外，我还要精心设计一座休闲旅馆。我不但自己要住在庄园里，还要迎接那些前来参观的游客，让他们在这里快乐地逗留、尽情地玩耍，和他们一起分享幸福时光。”

当阿尔杰满怀信心地将作文本送到珍妮老师手中的时候，

珍妮老师瞟了一眼，就立刻在他的本子上划了一个大大的红“X”，并将本子还给阿尔杰，命令道：“请重写！”

阿尔杰拿回自己的作文本，回到座位上，仔细地看了看自己所写的内容，首先，没有错字；其次，语法也没有问题；最后，他觉得内容也不离谱。于是，他便拿着作文簿去请教珍妮老师，他的作文错在哪里。

珍妮老师告诉他：“我要你写下自己的梦想，而不是这些不靠谱的空想，我要你写出实际的理想，而不是虚无缥缈的幻想，我要你写下来的东西，那是你将来要实现的生活，你明白吗？”

阿尔杰据理力争：“可是，老师，这真的是我的梦想啊！我的梦想不是空想，也不是幻想，它是实实在在存在于我心中的理想，也是我将来要实现的生活啊！”

珍妮老师也坚持自己的观点：“不，那只是一堆空想，我要你重写，就像杰克，他写的是将来像他爸爸那样，当个体育老师；还有汤姆，他的梦想是将来继承他爷爷的甜品店。”

阿尔杰不肯妥协：“我很清楚，这才是我真正想要的未来，这不但可以让我和我的家人快乐，还可以让来自世界各地的旅客感到快乐！我不愿意改掉我梦想的内容。”

珍妮老师摇了摇头：“如果你不重写，如果你不改掉自己的梦想，我就不让你及格了！”

阿尔杰也摇了摇头：“我不愿重写，因为我不愿意改掉自己的梦想。我爸爸不是体育老师，我爷爷不是甜品店老板，他们只是卖水果的小贩，我很爱他们，但我不想子承父业。妈妈告诉我，小朋友应该好好学习，还要开阔视野，站得高看得远，拥有远大的理想与抱负，不但要鼓励自己获得快乐，还要帮助他人得到幸福。”

珍妮老师彻底失望了，她没有再劝阿尔杰，而是在那篇作文上画了一个大大的“E”，表示不及格。

30年后，年近半百的珍妮老师带着一群小学生到一处著名的度假庄园去旅行，那里有如茵的绿草、舒适的木屋、可口的烤肉，这一切让珍妮老师突然想起了什么。

正在她陷入沉思的时候，迎面走来一位神采奕奕的中年男人，彬彬有礼地对珍妮老师说：“老师，您好！很高兴看到您带着孩子们来游玩，希望你们能够在这里度过一个愉快的假日！我是您的学生阿尔杰！”

“阿尔杰！”这个名字太熟悉了，珍妮老师教了太多的学生，她不可能记住全部学生的名字，但这个名字她是有印象的，“你就是阿尔杰！那个梦想不靠谱、不及格的阿尔杰！”

“是的，老师！”阿尔杰抱住了珍妮老师，“我是阿尔杰，梦想不及格的小男孩阿尔杰，可是，我的梦想是靠谱的！这片广阔的度假庄园就是我儿时的梦想！”

“哦，天哪！”珍妮老师流泪了，“一个七八岁的小男孩，他说长大后要拥有自己的庄园，那是一个遥不可及的梦！我却没想到，你如此坚持！你的梦想不是E，而是A！因为你站得高看得远！”

“谢谢老师给我迟到的作文判分！”阿尔杰也流泪了，“我今年准备在我的庄园里开办一个 30 周年同学聚会，到时候，老师您一定要记得给我的梦想重新打分！”

人生路是我们自己走出来的。勇敢地走自己的路，带着一份契约，坚定一种理想，为之努力，为之拼搏，才能让我们的人生不再碌碌无为。

李敖在一本书上写道：作为父母，你们总是抱怨孩子，为什么不听话，自作主张在大学毕业后跑去非洲做志愿者，可是你回头想想，你年轻的时候不也是自己偷偷跑去当兵，差点把伯父气得要死？每个孩子长大了，他都有自己的想法，让他去做自己喜欢的事情，作为父母已经是第三方，不能干涉他对世界的向往。

“败家子”王绪伟大学毕业后在城里开了个传媒公司，一年也能挣十几万。不过，他并不满足于现状。在与未婚妻商量后，他们把各自多年的积蓄以及双方父母给他们准备结婚的钱，一共 40 多万元全都投了进去建成了猪舍，还偷偷“承包”了自家的 20 亩果园，专门改种紫花苜蓿草做猪饲料。为了除杂草，他配错了除草剂，把草全打死，漫山遍野发黄……

4 年后，经过王绪伟和妻子的共同努力，“苜蓿草园”合作社现在已有 170 余万元注册资金，90 余户合作社员，引导了 1000 余名的创业人员。王绪伟先后被评为“吉林省杰出青年农民”、“首届四平市百姓创业之星”、“吉林省新型农民科技带头人”、“优秀生态农业示范大户”等，获得了不少的荣誉。

在创业初期，有很多村民们无法理解：农村孩子念书，就是为了跳出农民的辛苦劳作，到城里做事。可是王绪伟放着城里的公司不好好做，回农村养猪。养猪的活又累又脏，就是作为农村人，都不愿意做这些事情，更何况是一个有学历、高薪的城里人呢。从现在看来，你选择做什么其实不重要，重要的是你选择了什么。

在这个世界上，大多数人都是普通的人。但即便我们普通，也有权利去过自己的生活，去搭建属于自己的世界。做自己喜欢的事情，做自己喜欢的人，对生活充满乐趣和创造力吧！

生活是属于自己的，我们有权利去支配自己，去规划自己的生活，不靠他人。如果只按照别人的意愿，重复别人的生活，那活着就失去了原本的意义。真正的幸福，不是活成别人那样，而是能够按照自己的意愿去生活。

公司是老板的，假期是自己的

据美国的一项研究表明：每工作 52 分钟后休息一段时间，工作效率最高。列宁也曾经说过：“不会休息的人就不会工作。”

在工作中，我们要适当给自己一些假期，不要整天围绕着工作，更不要张口闭口谈工作，毕竟公司是人家的，身体是自己的。

所谓“身体是革命的本钱”，只有身体好了，本钱才存在，如果身体垮了，那本钱也就没有了。有多少人挥霍着自己的“本钱”，过着没有规律的生活，整天陷入加班的无限循环中。

在各种媒体新闻中，我们经常会看到这样的信息，比如，深圳 36 岁的 IT 男张某，被发现猝死在公司租住的酒店马桶上面，怀疑和过度劳累有关；年近 33 岁的东莞工程师刘某猝死在出租屋内，3 天后才被发现；浙江女白领连续加班一周，感冒两天后心搏骤停……在看到这些消息，感到震惊之余，我忍不住想：即便钢铁之躯，也无法承受这般消磨吧？

有位在 IT 行业做了 7 年游戏设计的男生，原本体重 143 斤，现在瘦得只有105斤，这位男生告诉记者，这一行就是吃青春饭，再老就熬不起了，“我现在28岁，做到30岁我就退休，现在我的任务就是拼命赚钱。”他告诉记者，再过几年他的身体会完全受不了。“老板会在晚上10点给我打电话，说一个代码有问题，你就紧急赶回公司修改程序了，你想一想这是什么节奏。”

这个男生说，这种工作强度很多人是不能够理解的，“我现在经常深夜一两点才回家。”这名男生说，自己曾因为贫血住过医院，让太太非常担心，“我太太一直想要我不干了，但我们有两套房子要供，我只能撑着”。

深圳某论坛对关于加班的网调显示，48.31%的网友称“经常加班”；29.6%的网友称“一般都不加班”；还有22.09%的网友则是“时不时要加班”；14.61%的网友表示一周要加一次班，一周要加班两次的也有11.48%，一周要加三次班的则占13.71%，12.82%的网友表示一周要加五次班，而一周要加六天班和七天班的，各占8.35%。

另一项调查显示，金融业从业人员平均每天工作时间超过12小时，超过一半的金融业从业人员每周工作达到46～55小时，有43.7%的人每周工作时间达到55～60小时。金融业从业人员的职业特点对健康生活会造成什么影响？他们的回答是：随时处于高压状态，抑郁，无愉快感；工作时间长，工作量大；眼睛疲劳，大脑疲劳；颈椎疼痛，腰椎酸疼；饮食起居不规律……

这个数据实在是让人震惊不已！

可是，长期加班，一天超过10几个小时的强度工作，真的能带来高效率吗？未必！有的人工作 1 小时，就能完成 3 个小时的工作。而有的人持续工作 3 个小时，却完不成原本应该 1 小时就完成的工作。

与其在时间上做无用功或低效率的工作，不如懂得劳逸结合，累的时候就休息，饿的时候就吃饭。只有得到高质量的休息，保持一颗清醒的头脑，才能提高自己的工作效率，否则，就算我们花费再多的时间做事，效果也会很差。

有一项科学研究表明：人的注意力通常只能持续约 90 分钟。90 分钟后，花 10 分钟的时间休息，在这个时间段内给自己充电或是喝杯水，做些轻松的事情，或者做你想做的某件事，都是明智之举。倘若 90 分钟以后，还在继续工作，那很容易出现脑袋发胀，思维混乱，精神注意力不集中等状态。

总之，公司是人家的，假期是自己的。一个人要工作的时间有很多年，我们不需要把自己的生活也双手奉送给工作。劳逸结合，这才是工作与生活最好的平衡点。朋友们，身体是革命的本钱，这是永恒不变的真理！

流着眼泪努力奔跑，跑着跑着就笑了

一次宴席上，萝卜片不满地对萝卜雕花说：“我们的身份都一样，凭什么你到了饭桌后身价就翻了好几倍！真是不公平！”

萝卜雕花玩笑似地回答：“我比你挨的刀多啊！”

顿时，萝卜片哑口无言。

生活中，像萝卜片这样的人有很多，明知道别人“挨的刀”比自己多，却总是埋怨上天不公，经常感叹：如果努力了还是没有回报，怎么办？是继续努力还是放弃？

请问，你真的努力了吗？

即便有人真的努力了，又有多少人坚持到最后呢？

马云在节目《赢在中国》中说过：“对于创业者来说，今天很残酷，明天更残酷，后天很美好，大部分人死在明天晚上，看不到后天的太阳……”

只有坚持下去，我们才能继续向前奔跑，才能完成从流泪到微笑这质的转变。

有一些年轻人，刚踏入职场没多久，就急着跳槽换工作，就比如我的一个同学，两年换了四五份工作，我问他为什么换得如此频繁？他的回答不是抱怨工资少、任务重，就是感觉看不到前景，或者就是同事欣赏不了他的设计，沟通有障碍……

可他跳槽的结果是什么呢？工资依旧没什么变化，生活也没有好转的迹象，相反，和他同一时间入职的人，坚持了 2 年，现在已经是公司的设计总监了。

也许，同学认为跳槽意味着新的开始，但实际上，跳槽远没有坚持的人获得的多。前者就像是狗熊掰棒子，一边走一边扔；后者是在不断地积累，一边走，一边往口袋里装，虽然走得慢，但获得的多。

在自然界中，老虎捕食时，一旦锁定猎物，就会一动不动地盯住它，不会轻易松懈。它知道，只要它稍微一松懈，猎物就有可能抓住机会逃跑，这意味着自己要重新对猎物进行观察、追捕、调整……更意味着之前的努力白费了。而在生活或工作中，人很难集中在某一点上，并且常常不做长远考虑。

其实，无论你现在在做什么，想做什么，只要选定目标，就要坚持下去。

有位青年离开家乡，来到一线城市找工作。他毕业于一所名牌大学，英语过了四六级，还曾做过商业策划。凭这些资本和经历，他完全可以找到一份待遇高又轻松的工作。可没想到的是，在那么多可选择的工作中，他选择了在学校当代课老师。此外，他还利用课余时间发传单。

一个月后，他瘦了一大圈。

家人和朋友都劝他："别这样折磨自己，为什么不去找一份轻松点儿的工作？""凭你的能力，怎么能屈就在这种地方？"……

面对质疑和疑惑，他坚定地说："当你选择了自己喜欢的行业，只要你待上 3 年，就一定会有收获。待上 10 年，你一定会有所成。别的工作再好，对我来说，也只是工资高一些，生活不用愁。而这份工作，虽然刚开始辛苦了一些，但却是我能够奋斗一辈子的事业。等 10 年过去了，我有了足够的积累，那赚钱还是问题吗？"

很快，几年就过去了，他说的话也得到了证明。

进入这所学校没多久，他那独特的代课思维和交流方式就引起了领导的注意。后来，越来越多的家长点名让他上课。再后来，领导让他来办公室，好好聊了一下。不聊还没什么，这一聊，领导吃惊不小。没想到，他从分析学校的顾客群，到讲课的方法，再到跟踪服务等，都提出了系统而切实可行的方法。最重要的是，短暂的代课经历，让他积累了大量的相关经验。

这次谈话之后，他就成了领导的助手，学校也迅速发展了起来。几年之后，他已经成了教育圈子里的名人，甚至有不少家长慕名而来，就是想要孩子学习他的理念。

10 年过去了，他真的实现了自己最初的设想。随着名气的上升，他干脆自己创办了一所学校。

在他的身上，我们真切地明白了：一个人如果能热切地设想和相信什么，就能以积极的心态去完成什么。要注意的是，没有什么人、没有什么事会把成功送到我们手里。想要获得成功，首先要有渴望成功的心态；其次是付诸行动；最后是不要怕苦、怕累。这三点缺一不可。

纵观当下，有一半以上的人都不满意自己的生活，但他们心中又缺少一张对未来的规划图。他们心怀不满，整天抱怨，还在各种社交平台刷新着自己的负能量。可是，对于自己真正想要什么，他们并没有一个明确的目标。

Apple 是一名在职编辑，梦想是成为一名作家。可惜的是，这两者区别实在是太大。为了朝着自己的梦想努力，她耐心等待着机会的来临。

有一次，公司安排她与某位作家谈合同的事情，她兴奋了整整一夜。第二天一大早，她就准备好了一切资料和合同，早早来到约定好的地点。

很快，一个小时过去了，两个小时过去了……一个上午过去了，她才收到作家的一条信息：不好意思，昨天忙到凌晨，没能赴约，我们下次再约。

这位作家是出了名的“难搞”，她早就做好心理准备了。于是她大度地回应着，并定下了下次的见面地点。短信末尾，她还附上：那家的抹茶系列超级好吃哦。

Apple 算是比较用心的编辑了，她查过作家的喜好。不知是为了抹茶系列，还是为了她的耐心和礼貌，作家赴约了。当然，想要签合同那可不是件容易的事情，要知道，这位作家写的书特别畅销，有不少出版社和出版公司抢着要呢。

这一切，Apple都明白得很。所以，无论作家出什么难题，她都一一照办。旁人看了，心疼地说：“这老巫婆真不是一般人能伺候得了的。”Apple嘿嘿一笑，还行还行。

大约经过了一个月的精神折磨，Apple拿下了这位作家的独家版权。合作过程很顺利，Apple顺利成为作家的朋友。在接触过程中，她学到了不少有关如何写作的经验。

多年以后，Apple也成了一名作家，而她的老师，就是那位曾经折磨她的作家。

如果你是Apple，面对一个不守时、处处刁难你的客户，你会怎么做呢？

实际上，无论是搞定客户，还是成就事业，我们都要抓住那些毫不起眼的机会。也许别人会觉得无所谓，随手丢掉了，但那个微不足道，就是成就你的垫脚石。

遭遇过什么并不重要，学会了什么才最重要

如果要问华尔街职位最高的女人是谁？那非花旗集团首席财务官兼执行总裁克劳切特莫属。别看她现在风光无限，在风光的背后，她也曾遭遇不少难题，比如，质疑、非议和否定。正是这些遭遇让克劳切特越来越坚强，从而变成华尔街的一支“铁玫瑰”。

对于她的童年，克劳切特是这样形容的：“从小，我是一个长着满脸雀斑的女孩。背带裤、矫正鞋，戴眼镜就是我的标准配置。我成绩一般，腿脚笨拙，是其他同学取笑的对象。即便是我咳嗽一声，打个喷嚏，都能引来一声嘲笑。在我的记忆中，有许多令人心碎的回忆。

“在入选球队时，我虽然不是最后一个，但一定会是倒数第二个。有一天，终于轮到我踢球了，就在我兴奋地跑着的时候，眼镜却不争气地掉了，我不得不回头去找。为此，同学们都笑我是个笨蛋，是个傻瓜……”

在很长的一段时间里，克劳切特都封闭在自己的小世界里，她不敢说话，不敢微笑，就连生气都憋在心里。

知道了她的一些遭遇后，母亲给了她一些教导和安慰。母亲对她说：“不要在意同学们的取笑，她们跟你唱反调，取笑你，不过是因为你太努力，跟她们不一样而已。你要做的就是继续努力，让她们不好意思取笑你。亲爱的，不用在意别人的眼光。”

母亲的鼓励对克劳切特起了非常大的作用，她开始变得自信，变得比以前努力多了，成绩也进步得飞快。

离开学校之后，克莱切特就像脱胎换骨一样。

1994年，她下定决心做一名研究分析师。于是，她向华尔街上所有的公司投出了简历，但没有一家公司愿意录用她。

据克劳切特回忆说：“美邦拒绝了我两次。或许是因为他们不确定有没有发出邮件，为了确保我能收到拒绝信，所以发了两次。看到邮件后，我也明白了，我是不会被录用了。那段时间，我的情绪非常低落，认为自己很差劲，很差劲。一想到这里，我立马打消念头，我怎么能这样想自己呢！很快，我就重新燃起了信心。这一次，我也明白了一个道理，那就是如果想要成功，你就要坦然面对别人的否定。”

后来，克劳切特怎么样了？就像文章开头我提到的那样，她是华尔街的“铁玫瑰”。如果那些嘲笑过她的小伙伴看到她今天的成就，一定会惊讶得合不拢嘴吧。

在生活中，我们或多或少地会遇到像克劳切特这样的烦恼。当你做了什么事情没做好时，总会有人嘲笑你，甚至落井下石；

当你完成了一件事情，并表现出自己的出色时，总会有人质疑是不是有人帮助了你或者你有没有什么后台……

这些都不重要！结果才最重要，学会才重要，做好才最重要，成长才最重要。这就好比龟兔赛跑一样，你就是那只缓慢的乌龟。一开始，兔子是跑得不错的，可是因为它的不专心以及对乌龟的轻视，认为即便自己是睡上一觉，乌龟也不会跑得比自己快。

结果呢，跑得极慢的乌龟就第一个到了终点，成了冠军。

这个结果让不少人愕然，但又觉得乌龟的成功在情理之中。

很多人做事就像是兔子一样，总是会因为外界的干扰或自身的自大骄傲忘了最初的目的。要知道，一个没有结果的付出是白费力气！试想一下：你耗费了足够多的时间和精力看一些考试资料，可考卷上的考题，没有一道是自己复习过的；你几天不眠不休，就是为了做好一个策划案，可没想到老板看都没看一眼，就说这个交给别人做了；你又是出钱又是出力，只想帮朋友办成一件事，可事没办成……

这都说明，结果很重要。没关系，你应该这样想：遭遇了什么不重要，重要的是，你学会了如何不做无用功。比如：多与人交流，认真听老师的考前辅导，这样不至于白费力气；重要的是，你学会了在自己的能力范围内帮助别人，并告诉别人“我只能说会尽力，至于能不能办成，我不能保证”；重要的是，你比较看重结果，不再去纠结“我付出了那么多”，而只在意自己“有没有做好”“有没有做对”；重要的是，你变得越来越成熟，不再为自己去找寻各种借口。

我曾在网上看过一篇文章，名字叫《鹰的重生》。里面所描述的鹰，用自己的痛在为我们书写：遭遇什么并不重要。

在此之前，我不知道鹰是世界上寿命最长的鸟类，可以活到 70 岁。为了不让自己的身体变得笨重，不让羽毛变得厚重，他们必须遭遇一次“生死考验”：要么等死，要么蜕变。

蜕变是一个极其痛苦的过程，是我们难以想象的！它必须要用喙击打岩石，直到其完全脱落，然后用新长出的喙把老化的趾甲一根根拔掉。当新的趾甲长出来后，还要用爪子把身上的羽毛一根根拔掉，以便于新的羽毛长出来，再次在天空中翱翔……

为了能再一次翱翔，鹰竟然对自己这么残忍，哪怕全身鲜血淋漓。看到它，我们是不是也应该反思，是不是也应该多些坚持，多些毅力，多些豁达呢？

在挫折中奔跑，在淬火中重生

“为什么我总遇到这种人渣！”

“为什么所有的难题都被我遇到了……”

“上天太不公平了！我上辈子造什么孽了，这样折磨我……”

这样的话是不是很熟悉？你周围的人，包括你也经常说这样的话吧。当遇到不顺利，遇到挫折时，你就会感慨人生，质疑人生。

还记得上学时，我们学过的《孟子·告子下》吗？里面有段话：“故天将降大任于斯人也，必先苦其心志，劳其筋骨，饿其体肤，空乏其身……”人的一生中，会接受各种各样的考验，这都是让你成长，让你走向成功的必经之路。

前不久，我在看《超级演说家》，对选手刘媛媛的演讲印象最深刻。比如那篇《寒门贵子》，令人澎湃不已的同时，浑身都装满了正能量。“我们大部分人都不是出身豪门的，我们都要靠自己！所以你要相信：命运给你一个比别人低的起点是想告诉你，让你用你的一生去奋斗出一个绝地反击的故事。这个故事关于独立、关于梦想、关于勇气、关于坚忍，它不是一个水到渠成的童话，没有一点点人间疾苦，这个故事是有志者事竟成，破釜沉舟，百二秦关终属楚，这个故事是苦心人天不负，卧薪尝胆，三千越甲可吞吴！”

刘媛媛虽然出身寒门，没有背景，没有可依靠的人，但她有涅槃重生的勇气。她说得对，命运给你挫折，就是想要你去证明什么叫绝地反击。

巴尔扎克说：“挫折和不幸，是天才的晋身之阶，是弱者的无底深渊。”一个人如果承受不了挫折的打击，那他是很难成功的。

在人生中，许多成败与得失，很多事情并不是我们都能预料到的，也并不是我们都能够承担得起的，对于这些不幸和遭遇，我们不可以悲观，而是要努力去做，求得一份付出后的坦然，得到的也是一种快乐。假如生活给我们的只是一次又一次的挫折，一次又一次的失败，那只是命运剥夺了我们获得成功的权利，但并没有夺走我们乐观向上、追求进步的权利。

1976 年，美国宾夕法尼亚州的艾伦敦市出生了一名先天残疾的女婴。父亲是从爱尔兰移民来的泥瓦匠，母亲是一个售货员。她出生时小腿就没有长腓骨，完全丧失了行走的能力。就在她 1 岁生日那天，她被截掉了膝盖以下的小腿。

随着慢慢长大，当她开始意识到自己是个残疾儿童时，母亲就对她说："孩子，你生来就是为了历经不平凡之事的。悲伤没有用，你要把眼泪变成钻石。"女孩记住了母亲的话，一扫悲悲切切的阴霾，变得活泼开朗起来，充满了挑战和冒险精神。

遗憾的是，父母不能为她提供良好的教育环境，更别提时时保护她不受外界伤害了。但是，父母却没有丝毫娇惯她，而是教育她和其他所有孩子一样去上学。随着身体的发育，她的残肢必须进行相应的修整，为此，她总共接受了5次矫正手术。因为她长着棕色的头发，因为她跑得慢，因为人们爱拿异样的眼光看待她，所以，孩子们总取笑她。为了释放精神上的压力和烦恼，她常常泡热水澡，然后和两个小弟弟踢球或是去骑车。为了增强体力，她每周日起床后都要做104组醒神操。

上大学时，她付不起学费，听说国防部在乔治敦大学开设了一项国际关系奖学金后，她果断地报了名，结果以优异的成绩得偿所愿。而且，她还有幸结识了一名优秀的田径老师。那位老师对她说的第一句话就是："嗬，强壮的小姑娘！"这给了她巨大的鼓舞，使她眼前一片光明。从此，她追随着这位善良的老师，练习跑步和跳远。

有一次，她参加学校的田径赛100米跑，跑到一半，她的义肢突然掉了，重重地摔倒了。所有人都惊诧不已地望着她，她看了看老师，老师纹丝不动，只是挥了挥手，叫她装上义肢再跑。后来，老师对她说："人生也如赛场，停顿只能失败。"从此以后，女孩更加顽强，不屈不挠。

后来，她第一次参加全国残疾人田径赛就打破了100米跑国家纪录，这也点燃了她征战亚特兰大残奥会的渴望。

1996年，20岁的她，用碳纤维特制的义肢刷新了两项世界纪录：女子100米跑和跳远。要知道她每跑一步都要花费正常人4倍的力气，这让她一下子成了美国人的骄傲和楷模，也激励了成千上万美国人的梦想。她受邀出席各种重大场合，为女子体育基金奔走呼号，登上各类杂志封面。

1999年，英国服装设计大师亚历山大·麦坤邀请她作为服装模特。T台上，她那高高的木质义肢像双靴子一样，她显得那样从容不迫，仪态万方，婀娜多姿，令人赞叹不已。走秀后，很多人到后台向她祝贺。

如今，她已是名扬世界的残疾模特，并荣登全球知名化妆品牌欧莱雅形象大使的宝座，她叫艾米·穆林斯，她是一出戏，一个传奇，她有一句名言：“真正的残疾是被击败的灵魂。只要灵魂不败，就有成功的希望，就能把眼泪变成钻石，活出光辉灿烂的自己。”

人生好像一条漫长的旅途，有平坦的大道，也有崎岖的小路；有灿烂的鲜花，也有密布的荆棘。你失去了，不要乞求别人替你找回；你跌倒了，不要乞求别人把你扶起。每个人都会遭受挫折，生命的价值就在于坚强地闯过挫折，走过坎坷。即使生活有一千个理由让你哭泣，你也要拿出一万个理由来笑对人生。

尝尽人生百态，活出一种姿态

生命中有多少喜悦或悲伤，坎坷或成功，欢笑或眼泪，都在这简单的一句“这就是人生”中变得坦然与从容。

有人说：“生活本身不可能事事遂人所愿，人生也不是理想的化身，有时你再辛勤耕耘，有一些东西一辈子也没有可能得到。”我很赞同这句话。就算生活给了我们痛痛的一击，我们也应该摆出自己最顽强的姿态。

然而，还是有很多人在不停地抱怨。工作的时候，抱怨没得到满意的待遇；失业的时候，抱怨老板不讲情理；应聘的时候，抱怨好运不垂青自己。

有一个人，他生前善良，热心助人，在死后，顺利升上天堂，做了天使。当了天使后，仍时常到凡间帮助人，希望能感受到幸福的味道。

一天，他遇见一个农夫，农夫一副烦恼的样子。他问农夫怎么了？农夫开始诉说：“我家的水牛刚死了，没它帮忙犁田，那我怎能下田劳作呢？”

于是，他就赐给农夫一头健壮的水牛，农夫很高兴，天使在他身上感受到幸福的味道。

第二天，他遇见一个男人，男人非常沮丧，向天使诉说：“我的钱都被骗光了，没有盘缠回乡。”

于是，他送给男人银两做路费，男人很高兴，天使在他身上感受到幸福的味道。

第三天，他遇见一个诗人，诗人不但年轻、英俊、有才华，而且富有，妻子也貌美又温柔，但他却过得不快乐。

他问诗人：“你不快乐吗？我能帮你吗？”

诗人对他说：“我什么都有，只欠一样东西，你能够给我吗？”

他回答说：“可以。你要什么我都可以给你。”

诗人期待地看着他说：“我想要的是幸福。”

这下子可把他难倒了，过了一会儿，天使才想明白什么叫幸福，原来幸福就是尝尽人生百态，活出自己的人生。

别人想要什么，他可以给，但是这就失去了生活原有的意义。生活就得自己来经历，并找到真实的自己。

这就是生活。你拥有它的时候，总觉得平淡而且艰辛，你感觉不到它的美好；但当你发现只要失去这些就会一无所有时，便会万分珍惜它了。

不管生活是以怎样的面目出现，我们都应该按照自己的意愿生活下去，或坚强、或逃避、或自信，无论怎样，都应该拥有幸福的心态，快乐地生活，保持一颗乐观的心，去享受生活。

人的一生，就像一趟旅行，沿途有数不尽的坎坷泥泞，但也有看不完的春花秋月。如果我们的心总是被灰暗的风尘所覆盖，干涸了心泉、黯淡了目光、失去了生机、丧失了斗志，我们的人生轨迹岂能美好？而如果我们能保持一种健康向上的心态，即使我们身处逆境、四面楚歌，也一定会有“山重水复疑无路，柳暗花明又一村”的那一天。

每个人都不可避免地要经历凄厉的寒风、淋漓的苦雨，面对艰难困苦，保持一颗什么样的心态，将直接决定你的人生轨迹。虽然每个人的人生际遇不尽相同，但命运对每一个人都是公平的。因为窗外有土也有星，就看你能不能磨砺一颗坚强的心和一双智慧的眼，透过岁月的风尘寻觅到辉煌灿烂的星星。

生活如同天气，有阳光灿烂之日，也有风风雨雨之时。往往我们期望的，未必能够获得；能获得的，却未必是所期望的。如果换一个角度去看待人生的失意和不幸，生活的质量就会大大提高。如果用一个宽大的胸怀去对人对事，世界将会更美好。只要多一分宽容，少一些怨天尤人；多一分友爱，少一些谁是谁非的计较，你就会生活得更轻松，更快乐。

英国作家萨克雷说：“生活就像一面镜子，你笑它也笑，你哭它也哭。”既然这样，我们何不笑对人生？尝尽人生百态，活出属于自己的人生，这才是我们应该有的最好姿态。

不管世界是否残暴，你曾经如此温柔

海明威曾经说过：“这个世界如此美好，值得人们为它奋斗。”高晓松也说：“生活不只是眼前的苟且，还有诗和远方。”这两句话，道出了人活着的真正意义。当然，在这个美好，在诗和远方里，也有着残缺的美。或许，正是因为感受过残缺的美，才真正懂得诗和远方。

我们从呱呱落地开始，就有一颗跳动的心。你完全可以支配它，是让自己快乐，是让自己焦躁，还是让自己悲伤。你如何选择，就如何收获。

有两个病情很严重的病人同住一间病房。

一个病人每天下午要坐起来 1 小时，否则会喘不上来气。他的床位就在窗户边。另一个病人只能整天平躺在病床上。

病床上日子难过。或许是他们俩同病相怜，所以他们总是鼓励彼此。

每天下午，那个能坐起来的病人都会望向窗外，然后向室友叙述所看到的一切。

那位只能躺着的室友每天就靠着这一个钟头的叙述，想象着外面的彩色世界，为自己增添活下去的勇气。

他仿佛看到窗外的美好：望出去，是个偌大的公园，公园里有一个湖，湖里有野鸭和天鹅；孩子们经常在湖里玩纸船，年轻情侣手挽着手在散步，衬托着天边的晚霞；远处望去还有城里摩天大楼的剪影。

就这样，日子一天天过去。

有一天，护士进来，发现这个能坐起来的病人身体靠在窗边，已经没有生命迹象，原来他已经安详地在睡梦中去世了。

当护士移走他的遗体后，剩下的那名病人马上要求搬到靠窗的位置。

安顿好以后，这名病人忍着痛用肘部支撑着身子，向窗外望去，但是什么也没看见，迎着他的只是一堵白墙。

他问护士："怎么我的室友看到的公园和湖通通都不见了呢？"

护士望了望窗外，有些疑问地说："这堵白墙在这里已经十多年了，哪有什么公园和湖呀！"

这名病人坚持说："可是他明明是这么跟我说的呀！每一天他都这么说！"

护士说："怎么会呢？他是个盲人啊！他连这堵白墙都看不见呢！"

一阵沉默之后，护士说："他可真是用心良苦啊！他在跟你分享喜悦呢！这可是比吃药还管用！你可别辜负他的心啊！”

从那以后，躺在病床上的病人变得很乐观，积极配合治疗。

那位已经去世的病人果真是用心良苦，在他的身上，我看到了善良和美好。一个经受着病痛的磨难，感受着上天不公的病人，在自己看不见任何东西的同时，还能够用快乐去感染另外一个病人，真是令人忍不住称赞。

《圣经》说：“喜悦的心，乃是良药；忧伤的灵，使骨枯干。”

正如护士所说，喜悦的心比吃药还管用。将喜悦拿出来分享，就能散布喜悦，利己又利人。分享悲伤，悲伤会减半；分享喜悦，喜悦却会倍增！

在生活中，我们也应该学习盲人病人的心态。即便生活给自己带来了苦痛，即便生活对自己如此不公，但自己依旧不能去抱怨世界，不能让自甘堕落，更不能让自己忽略生活中的美好。

泰戈尔说过：“世界只向他的热爱者，摘下他无垠的面具。”不管你愿不愿意，只要你活着，就会面对千姿百态的生活。生活就像你的影子紧随着你，不论你在哪里，不论你走多远，不论你高低胖瘦，不论你有无气力，都得带着它。所以说，与其对世界粗暴，不如对世界温柔一点儿。这样，你收到的生活也是温柔的。

第九章

不用足够好，也能微笑着面对一切

人生的每一次“败笔”，都是对自己的一种历练，

也是一种成长。

98% 的问题都是自己造成的

很多爱抱怨的人都有着一个共同的特点，就是喜欢将问题归结到别人的身上，认为自己只是一个无辜的受害者，别人才是问题的制造者。殊不知，98% 的问题都是自己造成的。在许多时候，幸福是可以把握的。怨天尤人和自艾自怜都无法带给自己幸福，幸福只能靠自己去找。关键在于，你是否能够在恰当的时机果断地伸出你的双手。

有一个牧师初逢一女子，女子憔悴如故纸。她无穷尽地向牧师抱怨着生活的不公，刚开始牧师还有点不以为意，但很快就沉入她洪水般的哀伤之中了。

你不得不承认，有些人就是特别倒霉，女人尤多。灾难好似一群鲨鱼，闻到人伤口的血腥之后，就成群结队而来，肆意啄食他的血肉，直到将那人的身体吃成一架白骨。

“从刚开始，我就知道自己这辈子不会有好运气的。”她说。

“你如何得知的呢？”牧师问。

“我小时候，有位老先生说过——这个小姑娘面相不好，一辈子没好运的。我牢牢地记住了这句话。当我找对象的时候，一个很出色的小伙子爱上了我。我想，我会有这么好的运气吗？没有的。后来我匆匆忙忙地嫁了一个酒鬼，他长得很丑，我以为，一个长相丑陋的人，应该多一些爱心，该对我好。但霉运从此开始。”

牧师说：“你为什么不相信自己会有好运气呢？”

她固执地说：“那位老先生说过的……”

牧师说：“或许，不是厄运在追逐着你，而是你在制造着它。当幸福向你伸出双手的时候，你把自己的手掌藏在背后了，你不敢和幸福击掌。但是，厄运向你一眨眼，你就迫不及待地迎了上去。看来，不是道士预言了你，而是你的不自信引发了灾难。”

她看着自己的手，迟疑地说：“我曾经有过幸福的机会吗？”牧师无言。

这个世界往往就是这样，有些人残酷地拒绝了幸福，还在愤愤地抱怨着，认为祥云从未飘过他的天空。其实幸福与不幸很多时候都是我们自己造成的，不是别人替你决定的。

生活本来就是平淡如水，放一点儿糖，它就是甜的；放一点儿盐，它就是咸的，想调制成什么味道全在于自己的心境。

一位女士去看心理医生，因为她整日茶饭不思，夜夜失眠，身体消瘦得厉害，但是各种检查显示她的身体一切正常，没有什么疾病的迹象。心理医生看她心情不好，就问她是不是心中觉得特别痛苦？

这位女士像遇到知音一样，开始向心理医生抱怨自己生活中的种种烦恼，其实，她的那些烦恼都是一些鸡毛蒜皮的家庭琐事，比如，对门的邻居见面对她很不热情，一个本来关系不错的同事居然在背后说自己的坏话，老板总是说要给自己加薪，可总是没动静……她说生活真是没有意义，到处都让自己不开心。

心理医生边听她说边记，等她说完，问她："我想知道，你的丈夫对你感情如何？"

女士脸上有了笑容，说："哦，他非常疼爱我，我们结婚10年了，很少吵架。"

心理医生微笑着点点头又问："那你有孩子吗？"

女士的眼里闪出光彩，说："我有一个儿子，7岁了，聪明活泼。"

然后，心理医生又问了她许多问题。最后，心理医生把写满字的两张纸放到女士面前。一张写着她的苦恼事，一张写着她的快乐事。心理医生对她说："这两张纸就是治病的药方，你把苦恼事看得太重了，忽视了身边的快乐。"

就像那句很经典的话一样："生活中从来不缺少美，而是缺少发现美的眼睛。"同样，生活中，也并不是缺少快乐，而是我们的心不肯快乐。

人在生活中是否幸福、快乐、成功，在很大程度上是由你的内心决定的，是由你内心的修炼程度决定的。人的成功应该是由内而外的，唯有修炼好心灵，才能享受真正的成功与恒久的快乐。

泰戈尔说："我们错看了世界，却反过来说世界欺骗了我们。"我们生活的这个世界，确实有许多美丽可爱之处，值得我们发现和欣赏。生活中有温柔之美、和谐之美，也有苍凉之美、悲壮之美。风和日丽，绿树蓝天，鸟语花香，是美的意境；古道西风瘦马，凄风冷雨晴夜，秋风落叶凋花，北风枯树狂雪，也是一种意境，一种美感。

仔细想想，生活本身就是书和画，每个日子都是内容不同的一本书，风格迥异的一幅画。只是我们的脚步太匆忙了，常常忘记去读它、欣赏它；随意地浏览过去，便断言生活是一味地明日复明日，只是公式化的衣食住行罢了。其实，阅读不仅是认识符号而已，更要懂得符号所传递的内涵；而观画也不只是五彩缤纷的调配，细细想来，画中原是有画的。

境由心造，心即主人。梦窗国师诗云："青山几度变黄山，世事纷飞总不干；眼内有尘三界窄，心头无事一床宽。"胸怀磊落坦荡，宛若长空旭日驱除晨雾，烦恼无处藏身。我们何不也做一个快乐的人呢？

在世界上，没有一个人生来就注定要享受幸福，也没有一个人天生就没有丝毫幸福和快乐。幸福还是不幸福，并不是绝对存在的。有时候，幸福就在你的面前，只是你将它忽视了。总之，幸福不能等待，要把幸福握在自己手中，而那些坐等幸福的人则永远也不会得到幸福的眷顾。

不用足够好，也能微笑着面对一切

有人跟我说过，世界上的每一件事情，如果要改变它，首先取决于你怎样看它。无论生活怎样对待你，请给生活一个温暖微笑。

见过女孩的人都说她长得丑，明里暗里地说。等长大后，女孩才明白丑的定义。其实，单看女孩的五官并没有什么问题，只是搭配在一起，比例有些不太好。

每天在学校，她总能瞧见别人对自己的指指点点，就是走在大街上，她也觉得大家都在看她。时间一长，女孩就不再笑了，她认为，只有美丽的姑娘才配拥有笑容。

为了帮助她摆脱心理困境，母亲带着她去照相馆拍照。一开始，她是拒绝的，可她的“爱美”之心又在作祟，她很想看看自己到底有多丑，要知道，她平时都没有勇气拍照。

到了照相馆，母亲提出了一个很奇怪的要求，就是要求摄影师不要拍她的全脸照，而是逐一对她的眼睛、鼻子、耳朵、嘴巴等拍特写。接着，母亲又拿出美国著名女星玛丽莲·梦露的头像，并把五官分开来，让摄影师拍下来。

拿到照片后，母亲把女孩的五官照片和玛丽莲·梦露的五官照片一一对照，贴在了女儿的卧房墙上。

每当女孩自卑，不敢大胆看别人的眼睛，不敢露出微笑的时候，母亲就带她看那些被分割的照片，说："和最美丽的姑娘相比，你觉得哪个地方比她差？"

女孩不是不相信母亲的话，而是觉得天下的妈妈都觉得自己的孩子才是最美的。于是，当有人来她的家里时，她就忍不住让他们看墙上的照片，问问他们哪个更好看。有的人说，她的眼睛比梦露的眼睛迷人，有的人说她的嘴巴更性感。

慢慢地，女孩相信了母亲的话，甚至觉得自己还挺好看的。每天一睁开眼睛，看着那些照片，她就觉得信心十足。自然地，她的微笑就多了，也敢对着别人的眼睛说话了。

你认为的丑，在别人眼中，也许就是一种美。当然，每个人的审美眼光都是不一样的，我们没必要活在别人的眼中。要记住：即便你长得不是大众眼中的美，也能露出牙齿微笑，也能自信一点儿。不必为自己的平庸与相貌感到自卑，只要善于发现，就可以从"平庸"中找到有价值的一面。

美国著名歌手卡丝·戴莉也曾有过自卑的一面。

她唱歌很好听，只要听过的人都会忍不住赞美，可惜的是，她长着一口龅牙，非常难看。在参加歌唱比赛的时候，她总是顾及着不暴露自己难看的牙齿，这种样子滑稽极了。所以，评委们没有让她晋级。

一边要放声歌唱，一边又要极力掩饰自己的缺点，她也觉得很难受，可是有什么办法呢。几次参加比赛失败，她渐渐对自己感到绝望了。也许，真的没有人愿意听一个大龅牙唱歌吧。在最后一次比赛时，有一个评委发现了她的歌唱天赋，并注意到了她的顾及。为了不放弃一个好歌手，评委告诉她："你有唱歌的天赋，你会取得成功，但你必须忘掉自己的龅牙。"在这位评委的帮助下，她渐渐走出自己有一口龅牙的心理阴影。

在一次大型的歌唱比赛中，她那极富个性化的演唱倾倒了观众，征服了评委，最终脱颖而出，成为那一届"最突出"的标签。

在这个世界上，没有足够完美、足够好的人，他们或多或少都会有缺陷。有着属于自己的小缺陷，不要自卑，不要尴尬，更不要躲起来。俄国诗人普希金曾经说过："假如生活欺骗了你，不要悲伤，不要心急，忧郁的日子里需要镇静，相信吧，快乐的日子将会来临。"我们无法选择自己的容貌，无法选择自己的家庭环境，但我们可以选择用微笑去面对世界。

可惜的是，随着科技的发展，国家日益强盛，越来越多的烦恼也随之而来：孩子们愁上学，功课太多，学习压力太大；大人们愁工作，工资太低，工作压力太大；老人们愁寂寞，儿女工作忙，一年到头都见不了几面。渐渐地，我们的脸上再也没有微笑了，整天愁眉苦脸，心情也变得越来越差，偶尔笑一笑也是勉强的笑。

主持人周立波说过一句话："我们这个时代是一个追求速

度的时代，什么事都要求快，总感觉若是慢了，就会被时代抛弃。我们要快是因为我们想让生活变得更好，更幸福。只是当一切都在追求速度时，我们却忘了最初的目的。”

同样地道理，我们不要在这个“快的世界”里忘记微笑。用微笑面对世界，能缩短彼此的距离，使人与人之间充满信任与感激。微笑是炎夏中清凉的风，给人们消去燥热；微笑是寒冬里的火，给人们送来温暖；微笑是黑夜里的灯，为人们指引方向；微笑是绝望中的光，带给人们希望。

去微笑吧，对自己，对他人，学会放慢自己的脚步，用微笑给这个世界增添一点儿温暖，哪怕你没有那么优秀，哪怕你的微笑对他人是杯水车薪。去微笑吧，你会发现这个世界的美丽，你会感觉到生活的美好。

让我看看你充满热情的样子

某个周末，老太太找来油漆匠，想要给家里的墙壁重新粉刷一遍。粉刷匠在干活的时候，不经意间发现男主人的眼睛看不见东西，他同情地感叹了命运的无常。

知道油漆匠来了，男主人让老太太把他扶到离墙壁不远的地方，与其攀谈起来。油漆匠很高兴，在别人家也粉刷过墙壁，但没有一个主人跟自己像朋友一样聊天的。一连几天，男主人都跟油漆匠聊天，聊得很愉快。在短暂的接触中，油漆匠感受到男主人对生活的热爱以及对人的热情。

粉刷墙壁完毕后，油漆匠拿出账单，老太太发现账单不对，就问油漆匠："你是不是算错了？为什么价格比原来的少一半呢？"

油漆匠笑了笑说："那一半，是对您先生的感谢。在此之前，我并没有觉得油漆匠这个职业有多么神圣。您先生很有魅力，对生活富有热情，这感染了我。以后，我也会对生活充满希望的。"

听到油漆匠这样说，老太太很是感动，没想到这位油漆匠只有一只手，却愿意这么慷慨。

身有残疾的人都能对生活如此热情，那我们有着健全身体的人有什么理由对生活没有希望呢。

有人说过，态度就像一块磁铁，不论我们的思想是正面还是负面的，都受磁铁的影响。而思想就像轮子，推动着我们向前走。换句话说，虽然我们无法改变自己所处的环境，但是我们可以改变自己的心境。只要我们能够以积极乐观的态度对待生活，那生活也就不那么可怕了。

美国著名心理学家威廉·詹姆斯曾经说："人能改变心态，从而改变自己的一生。"的确，在很大程度上，一个人的成功与失败，顺利与坎坷，快乐与悲伤，是由自己的心态造成的。

一天，一位农夫赶着马车过桥时，不小心连人带车都掉进深水中。

就在周围一片惊慌，准备对他进行施救时，农夫突然从水里冒了出来，然后缓缓爬上岸。在他的脸上，看不到任何的惊恐和悲哀。看到人们一脸的关切，他哈哈大笑说："太好啦，太好啦！"

人们惊得你看看我，我看看你，都说他给吓傻了。

"太好什么啊！你的车毁了，马也没了，就连你的小命都差点儿没了，你还高兴呢？"有人忍不住问他。

农夫止不住笑，大喘着气，说："高兴！当然高兴啦……能……能从这么高的桥上掉下来，我还毫发无损，这不就值得高兴吗？”

虽然农夫的表现略显夸张，不过细细想来，还是有一定道理的。在这世上，没有比活着更值得庆幸的事情了。只要明白这个道理，你的人生就会充满力量。

励志大师卡耐基曾经说过，如果我们有快乐的思想，我们自然就会感觉到快乐。如果我们有着悲天悯人的思想，那我们的生活自然就变得悲观。如果我们有害怕的思想，那我们自然就会感觉到害怕。如果我们有不健康的思想，那我们很快就会生病。

可见，积极乐观的心态对人的影响力。

当然，乐观并不等于傻乐，而是对某件事的态度。比如：你在做一件事时，哪怕很难的一件事，或者没有成功的可能性，但你还是积极去做，渴望得到一些回报。这种心态，就是对生活充满希望的心态。

纵观古今，凡是有所成就的人都是对生活充满希望的。哲学家黑格尔曾经说：没有激情，世界上任何伟大的事业都不会成功。

斯蒂芙是一名杂志推销员，凭借着自己的工作热情和积极的态度，她成功在拿破仑·希尔的办公室里卖出了6份杂志。

据希尔回忆，在斯蒂芙来之前，已经有推销员来推销过《金融周刊》这本杂志了。不过，那个人着急把杂志卖给他，却没有说出任何能打动他的理由，所以他没有订阅。过了一个星期，斯蒂芙就出现在他的办公室，并向他推销了好几种杂志，其中有一种就是《金融周刊》。斯蒂芙看了看他的书桌，发现桌子上摆了几本杂志，就由衷地说了一句：“看得出来，您非常喜爱阅读书籍与各种杂志。”

就是这么简单的一句话，再加上她那热情的语气，希尔不得不停下手里的工作，想要听听她说些什么。当时，斯蒂芙抱了一大卷杂志，他以为斯蒂芙会把杂志展开，催促自己订阅它们，可她并没有这样做。细心的斯蒂芙看见他的桌子上有一本爱默生的论文集，就开始与他谈论起爱默生的那篇文章《论报酬》。

等聊完了以后，斯蒂芙才开始推销自己的杂志，并说明要订购杂志的原因。比如，《周六晚邮》可以让人欣赏到文字清新，情节丰富的小说；《文学书摘》以摘要的方式将最新的新闻介绍给读者；《金融周刊》可以了解到工商界领袖人物的最新生活动态，等等。

还没等希尔回答，她又继续说：“像您这种地位的人物必须掌握最新的消息，对吗？”这句话既是一种恭维，又是一种温和的谴责。这让希尔多少有些惭愧，毕竟他从未订购过畅销的杂志。

就这样，斯蒂芙离开的时候，带走了6种杂志的订单。当然，这并不是她的回报。在征得希尔的同意后，斯蒂芙又去了其他办公室，并说服5位员工订购了她的杂志。

不可否认的是，斯蒂芙身上的那种热情和对生活的态度让人着迷。这样的人，又怎么能不受欢迎呢？

可以说，热情是世界上最大的财富，它好比是一座可以移动的城堡，能够承载许多人的心思，感染每一个人。相信我，拥有了热情，不管处于怎样的环境和情况之下，你都会有所作为的。

豁达一点，收起敏感的玻璃心

生活中，总会有一些过分敏感的人，他们多愁善感，活得很累，既要对付那些夸大了的矛盾，又要抚慰自己无中生有的痛苦，可谓劳心伤神。

我们生活在这个社会中，难免会评论别人，当然有时候也被别人评论。我觉得，对于别人的品头论足，应该一笑置之，而不是耿耿于怀。敏感并不是最好的处世方法，特别是不分场合、地点的敏感会给生活带来很大的负面影响。

下面是一些敏感的人在谈到自己的不愉快经历时大发牢骚：

“我是个胖子，每当别人说我胖，我就感到自己受到了伤害，心中便升起极度委屈的情绪。比如在商场里，如果售货员用干巴巴的口吻对我说‘没有你要的尺码’，我的心情立即就会变得很坏。”

“我不能接受别人对我的负面评论。虽然我也走上了工作岗位，给自己披上了一个职业女性的外壳，显得果敢而练达，但是在别人对我的工作提出某种批评时，我会花好几个小时在那里琢磨，缓不过劲儿来。”

“我生活在情感过于充沛的海洋里，敏感的神经随时都可能被调动起来，因为周围发生的一切都会在我的心里留下深深的痕迹。电视新闻里一则沉重的报道会让我没有食欲。有一天，我目睹了一场车祸，我用了好几个月才缓过来。”

“朋友说了在我看来很难接受的话，我就会耿耿于怀，心里不舒服。他们的言语越是在我心里挥之不去，我就越感到无法释怀。而如果我感到身边的朋友欺骗了我，那情况就更糟了，我会一连好几个星期躲在家里医治心灵的创伤。其实我知道，应该从自我沉默中走出来，重新与朋友交流，否则很快我就不会再有朋友可以一起去逛街或下馆子了。”

“在办公室里，我特别爱哭，比如，老板的话说得严厉了一些，我就忍不住眼泪涌出来。为了不让我脆弱的神经再受刺激，我提出只做一些整理文件的简单工作。这样一来，看着一个个好机会从我身边溜走，我又开始怀疑起自己的决定。”

“我们单位的人际关系太复杂了，张三对我有成见，李四说我的坏话，王五看我不顺眼……每天生不完的气，烦死人了。”

……

这些都是过于敏感惹的祸。有些人在为人处世上过分敏感，使人际关系出现不应有的复杂化，在现实生活中的确是存在的。

心理学研究发现，有些人天生就有一种敏感的个性。比如，别人不高兴，他就以为对他不满；人们在说悄悄话，他就感觉一定是在说他的坏话；对方的一声咳嗽，他就怀疑是对他的不敬；有人见到他点头微笑，他感到是别有含义；有时本来是互相开玩笑的话，这些人也会当成真事，反复琢磨半天，心情久久不能平静下来。

鸡毛蒜皮的小事会让这些过分敏感的人想入非非，做出错误的判断，他们对恩恩怨怨最爱斤斤计较，总以想当然去观察世界，并自以为是，结果总有难以排解的心绪，更有甚者发展为心理上的病态。这样的人生，又怎么能坚强得起来呢？

常言道：“天下本无事，庸人自扰之。”过分敏感者的许多烦恼多是由自己的心境造成的。本来，人与人相处，不可能没有一点矛盾，但多数情况下并无根本的利害冲突。如果把一些鸡毛蒜皮的小事老存在心上，斤斤计较，自己跟自己过不去，自己给自己找烦恼，那就活得太没有境界了。

由于每个人的修养、个性、阅历不尽相同，其为人处世、表达情感的方式也会有不同，即便是别人对待自己的方式有欠妥当，我们也当以宽容之心待之，没有必要过于敏感。处处以别人脸色的“晴雨表”作为自己行动的“指南针”，让别人的行为影响自己的心情甚至支配自己的言行，大可不必。

不是每一次努力都会有收获，但每一次收获必定要努力

不是每一次努力都会有收获，但每一次收获都必定要努力，这是一个不可逆转的命题。

王帅可以说是一个幸运的人，也可以说是一个不幸的人，不过他并没有让自己沉浸在不幸中，而是努力让自己幸运起来。

从小，王帅就是一个成绩优异的孩子，浓眉大眼，特别帅气。高考那年，他成功考入一线城市的某所高校，但由于家境困难，再加上身有残疾的母亲，他毅然放弃了上大学的机会。

父母知道欠他的太多，可他却笑着说，一个人只要努力，上不上大学无所谓。为了贴补家用，他选择了一所中专就读，因为他的高考成绩优秀，学校又考虑到他的家境，决定免收他的学费。就这样，他一边在外面做兼职赚生活费，一边学习。

毕业以后，王帅到了一家广告公司，从事设计、喷绘、业务等琐碎的工作，虽然和他同龄的同学，甚至曾经学习不如自己的人，都有了一份好工作，不是在政府机关工作，就是与大公司签约，而自己……

“加油！总有一天，你的付出会有回报的。”他这样鼓励自己。

有一天，公司新招聘了一名设计师，叫李哲，大学本科。李哲对一切都很有激情，还说将来自己也会有一家设计公司。

听到李哲的豪言壮语，王帅是由衷的佩服。慢慢地，李哲就表现出自己的懒惰了，他总是喜欢把工作丢给王帅，还喜欢在工作中偷工减料。有一次，李哲因为心不在焉，把顾客的广告牌尺寸设计错了，这给公司带来了很大的损失。

王帅默默想：我一定要汲取教训。不知道是李哲多想了，还是王帅没有去安慰他，他觉得王帅在偷偷笑话他。

一次，王帅在给客户倒茶时，李哲不由得发出了轻蔑怪声，还对客户说：“这曾经也是个才子啊！现在……”他的话没说完，但客户心领神会。王帅尴尬地笑了笑，就离开办公室了。想起李哲的那句话，他觉得刺耳又心痛。其实，他并不觉得倒茶是什么低贱的工作。当然了，名校毕业的大学生李哲不一定这样认为。

没关系！今天的一切付出都是值得的。在接下来的日子里，他继续忍受着别人的白眼，默默努力。两年下来，同事的轻视没打倒他，倒让他胸怀更加坦荡，像大海一样容纳了别人的白眼与讥讽。

两年以后，李哲选择辞职，靠着自己的经验开了一家广告公司。可惜的是，还不到半年的工夫，公司就因为运营问题倒闭了。

眼看着应聘的大学生一个个满怀信心地来，又心怀远大梦想地走，王帅感慨万千，不过还是默默地学习知识，充实自己，很快，他也是一名经验丰富的设计师了。后来，他就开始学习如何谈业务。

5年以后，王帅的羽翼丰满了，也想像老鹰一样飞翔一次，不过他不会忘记公司对他的培养，如果公司需要他，他随时可以贡献自己的力量。

王帅曾经身兼数职，有着扎实的经验积累，这些都是他开公司的宝贵资源。创业对每一个人来说，都是艰辛的，不过对王帅而言，还算是游刃有余。

王帅刚上阵，就拥有稳定的客户源，因为他更了解客户的需求，同时，他也了解员工的心态，并积极帮他们疏导情绪。在员工需要帮助的时候，他也会慷慨解囊。多年来，员工们对他不离不弃，公司也日益壮大。如今，王帅的广告业务遍布整个小城。

一次同学聚会，有人问王帅："你的生意做得这么好，有什么秘密吗？"他谦逊地说："看问题要有鹰的高度，更要有虫的细腻，两者兼而有之，才会将事情做得更顺利。这都是我的领导和同事们，以及客户教给我的。"

努力是通向成功的最短路径，也是实现梦想的最好工具，无论此时的你是贫困的、落魄的，还是家财万贯的，都必须努力。只要你努力，就一定会得到收获。如果你不努力，家财万贯也总有一天会散去。

这个世界就是这样，所谓天道酬勤，你付出了终究会有收获。就像杰克·伦敦一样，虽然他没有上过中学，但在他有生之年，写出了51部巨著。

你完全想象不到，杰克·伦敦的童年是如何度过的。在他年少时，整天跟一群恶棍在旧金山海湾附近游荡，干些偷盗之类的勾当。

有一天，他漫不经心地走进一家公共图书馆，拿起了《鲁滨逊漂流记》，读的如痴如醉，到了饭点，他竟然舍不得放下书籍回家吃饭。第二天，他又跑到图书馆，挑选一本《天方夜谭》，这简直就是一个奇异美妙的世界。

从这以后，他每天都会钻到图书馆，看十多个小时的书，从荷马到莎士比亚，从赫伯特·斯宾塞到马克思等人的著作。

在他 19 岁那年，他决定不再靠体力劳动吃饭，而是想靠脑袋吃饭。他已经厌倦了流浪的生活，厌烦了挨警察拳头的日子，厌烦了总是被铁路的工头欺负。

为了快速进入学校，他只用了 3 个月的时间就把 4 年的课程念完了。更令人意外的是，他竟然通过了考试，成功进入加州大学。

为了实现自己的梦想，他每天写 5000 字，20 天的时间就完成了一部长篇小说。有时，他会给好几家杂志社寄出 30 篇小说，可惜，它们都会被退回来。虽然失望，但却并没有被打倒。后来，他的《海岸外的飓风》获得了旧金山呼声杂志社所举办的征文比赛一等奖。

5年后，杰克·伦敦有6部长篇，125篇短篇小说问世。一时间，他成了美国文艺界最为知名的人物。

瞧，这就是努力的回报。如果你还在纠结自己要不要努力，要不要改变自己，那我可以肯定地告诉你：去努力吧！

每一个败笔，都是一种成熟

你有过失败的经历吗？我想大部分人都会回答：有过。如果我再问：你失败过几次。也许，有的人会说一次，也许，有的人会说无数次。

那么，我还想问：失败以后，你是怎么做的？是汲取经验教训，重整旗鼓，还是退缩，止步不前，又或者说，你不懂得总结经验，所以在第二次失败了，第三次又失败了……

知道吗？在这个世界上只分两种人，一种是害怕失败的人；一种是不害怕失败的人。前者认为，失败是一种负担，让人有着压力；后者认为，失败是一块试金石，是人生中不可缺少的元素，它会使我们的生活更加精彩。

在一次招聘中，有一个在校成绩优异的大学生，因没被录取选择了自杀。

几天后，面试人员整理资料时，才发现：自杀的应聘者成绩是很好的，可能是由于电脑系统出现故障，把他的名字跳了过去……虽然只是一个悲伤的故事，不过面试官想：即便是那位应聘者进入公司，也不一定待得长久。毕竟，职场也是一个竞争激烈的地方，随时都有挫折与失败发生。

如果你是面试官，你会招聘一个心理素质如此差劲的员工吗？当然不会！在这个世界上，没有那么多人围着你转。你以为你为失败付出了生命，别人就会为你惋惜？别逗了，这个世界很忙的，人们怎么会为你驻足脚步，惋惜一个新星的陨落呢。

在生活中，有没有注意过这样的一个现象：小孩子学走路时，总会摔倒的，但不论他摔得多么疼，都会继续爬起来再走。

为什么小孩子摔倒了会再爬起来？也许他没想那么多，反正就是想学走路，通俗一点叫胆大，也或许是对疼痛没感觉，没感觉并不是说对身体上的疼痛没感觉，而是对疼痛的接受度提高。比如说：你摔了一跤，当然会赶紧爬起来继续往前走，但如果是有人把你绊倒了，那你可能就怒火冲天了。

再比如说：小孩子看到一个滑板，就会想玩，不管会不会玩，都会去试一试。但我们就不一样了，有时想玩，但又害怕别人笑话，不仅害怕别人笑话我们摔倒，还害怕别人会笑话我们滑得不专业。

其实，真正让我们感到愤怒的不是外界带来的疼痛，而是我们对疼痛的反应。同样地道理，真正让我们停止进步的不是失败，而是我们对失败的反应。所以这就是为什么人一长大，就活得很郁闷，没办法像孩子那么快乐。主要在于我们害怕失败。

有一部日本青春偶像剧《101 次求婚》，这部电视剧告诉观众：对心爱的“成功”的追求就要有“101次求婚”的勇气，不要害怕打击和挫折。失败了一次，就汲取教训，开始第二次。第二次失败了，再总结教训，开始第三次。等到精诚所至，金石为开，成功就离你不远了！

拿破仑曾经说过，“不能”一词只会在失败者的字典中看到。对每一个人来说，即使被“不能”摧毁而失败，也不要沉溺在痛楚中，只有总结经验，重新再来，才能走向成功。他还说过，在大多数情况下，那种被视为是失败的事，只不过是一时的挫折而已。如果能够把这些挫折看作是幸福的垫脚石，那我们才能扬帆起航。

一个农妇种了些黄豆，由于天气炎热，她把黄豆埋得很深。

过了一段时间，农妇和孩子翻开土地，发现很多种子长出了长茎，马上就要破土而出了。

一旁的儿子感到很奇怪，就问农妇：“种子长眼睛了吗？为什么它在黑暗中，还知道向上长？”

农妇摸了摸他的脑袋，意味深长地说：“因为黄豆要努力寻找阳光，没有阳光，它就会活不下去。”

其实，人又何尝不是这样。我们就像被埋在土里的种子一样，虽然埋得很深，但总要积极向上，这样才能接受阳光的照耀。

还记得高考前那段昏天暗地的日子吗？面对不理想的考试成绩，你是怎样的一种心态。是痛苦不堪还是选择破罐子破摔；还记得第一次工作，受了同事的排挤，你是怎样的一种心态，是选择辞职还是用自己最大的努力融入一个团体中；还记得第一次被人冤枉、被人侮辱，你是怎样的一种心态，是选择与对方据理力争，还是默不作声，让时间来证明……

人生的每一次“败笔”，都是对自己的一种历练，也是一种成长。在这些失败中也好，“败笔”中也罢，我们都将会学习到很多的东西，比如，心态，独立，沉稳。

无论发生什么事，生活仍将继续。无论你的“败笔”是什么，它都将成为过去，我们依旧要向前行走。所以说，当你遇到人生中的“败笔”时，不要气馁，不要哭泣，不要逃避，只需要把它当作是历练自己的工具或激励自己的动力。

你需要的不是倾诉，而是倾听

一位美国作家曾说过："沟通的最高境界就是静静倾听。"这句话非常对，在大多数情况下，聆听最容易促进两个人之间的情感。不然，当你想要对他人说什么的时候，别人一直在打断你的话，甚至把话题转移在自己身上……结果可想而知是多么糟糕。

倾听不仅是一种交流方式，也是一种对彼此的亲和态度，更是了解彼此的最重要途径。

从小，我总是摸不透我妈的脾气。有时，她就对我要求很严格；有时，她又是那么和蔼，尊重我。有时，我们无话不谈；有时，我又不想与她说出自己的真实想法。

一次考试，我没考好。妈妈不但没有责怪我，还心平气和地对我说："没事的，一次考得不好并不代表你的学习成绩不好。只要你努力了，就足够了。你把试卷拿出来，我帮你分析一下为什么没考好。"

我把试卷拿给妈妈看，她先粗略地浏览了一下，就皱起了眉头。我想：这下完了，她一定会对我发火的。出乎意料地，她笑着示意我坐在旁边，说："你不是没考好，而是太粗心了。知道吗，粗心永远是学习上的一块绊脚石，只有把它搬走，你的路才会更顺畅。”接着，妈妈给我指出了因粗心大意而导致的问题。

第二天到了学校，我就向朋友“诉苦”，说自己没考好的原因。朋友一言未发，只是不停地点头，并用理解的眼神看着我。等我说完以后，她慢慢地说：“我能理解你的苦恼。相信等下次考试，你一定会克服粗心的。以后你有什么烦恼需要倾诉的，就来找我吧。我愿意倾听，并且帮你保守小秘密。哈哈。”

她的一番话，让我很感动。后来，我有什么不理解或烦心的事情就会找她倾诉。她是一个非常好的聆听者，总会在我倾诉完以后，想办法安慰我或者是帮我解决困难。至今，我们都是非常好的朋友。

当时年纪小，不觉得倾听的重要性，总觉得对方应该跟我一起发发牢骚，或者跟我站在同一战线，同仇敌忾。等年纪越来越大了，才能体会到倾听的可贵性。

其实，无论在任什么环境下，聆听都有着非同小可的影响力。

前不久，我在微信公众号上看过一篇文章，文章讲述的是——一个年轻出租车司机早出晚归，回到家里只想好好休息一下，什么都不做。妻子一见他回来，就开始说今天的见闻。而他，只是勉强应付几句。

时间一长，女人就觉得委屈了，她还是一如往常地买菜做饭，却很少在他面前说话了。后来，女人的脾气变得越来越差，总是无缘无故地对他发脾气。为此，他很是苦恼。

有一次与同事聊天，一位老出租车司机就对他说：“兄弟，你记住：以后回家无论多累，都要打起精神陪她聊会儿天，不用多长时间，10 分钟就行。”

“行不行啊？”他感到很疑惑。

“你回去试试就知道了。”

司机半信半疑地照做了。刚开始，妻子很意外，随即就高兴地陪他聊起了今天所遇到的人和事。从那天起，他每天下班回家的第一件事，就是找妻子聊天，去厨房给她打下手，听她说些单位里的大小事。坚持一段时间后，他发现，还没聊到10分钟呢，妻子就让他到客厅休息：“你都开车一天了，一定累坏了，快去歇歇吧。”更让他意外的是，妻子对他越来越好，越来越细心了。

在生活中，一定有遇到司机夫妻这样的情况，实际上，在大多数情况下，感情就是在倾诉和倾听中升华的。

当别人在说话而我们还没有听完的情况下，不要轻易妄加评论，不要说长说短，更不要急于打断别人，急于表达自己的想法，这样不仅没有解决对方的问题，还容易给别人“火上浇油”。

其实，对方向我们倾诉，是出于对我们的信任，不管我们是不是给出自己的建议或解决的方法，都无关紧要。对于倾诉的人来说，只要你认真聆听就够了，他能对你说出来，只是想让自己的心情得以排遣，让自己的压力得以释放。

在生活中，每个人都愿意做谈话中的主角，都希望别人围绕着自己。但是，与其做谈话中的主角，不如把这个机会交给别人。这样，才会给别人留下一个可交、可靠的印象，是个不错的朋友。

总之，倾听是对别人极大的尊重，也是真心关心别人的表现。凡是那些充满智慧的人，都是懂得倾听的人。

生命其实就是一个疗伤的过程

在生活中，有很多人一旦受了伤害，就恨不得天下的人都知道，并都来安慰TA。可是，没有相同的经历，没有共同的生活环境，别人又怎么能真切体会你的苦痛呢？

所以说，疗伤还得靠自己。

莱恩出生在英国的一个小农场里，从小就帮家人打理农庄。眼看着他一天天长大，干的活儿越来越多，身体也开始有点儿吃不消了。

终于，莱恩的身体垮了，他患上了老年全身麻痹症，卧床不起，几乎失去了生活能力。但凡是认识他的人，都认为他肯定就此瘫痪，不能再为这个家做些什么了。可是，莱恩却不这么想，的确，他的身体是动弹不了，但他的眼睛还能看，嘴巴还能说话，耳朵还能听得见声音，脑子还能思考。

没多久，他就调整好自己的心态，并把自己的计划说给家人听："我很遗憾，我的亲人们，我再也无法贡献我的力气了。

不过，我想要用自己的脑袋来劳动。你们每个人都可以代替我的手、脚和身体。”

家人希望他能够好好休息，因为在他还能动的时候，已经奉献了很多力量了。不过见他如此坚持，家人只得由他去了。

“那么，你的计划是什么呢？”

“把农场的每一亩地都种上玉米，再用所收的玉米喂猪。当猪还没有长大的时候，就把它们杀掉，制成香肠。接着，我们要给它取一个名字，最后送到零售店出售。知道吗，也许这种香肠会像热糕点一样出售。”

这句话就像是预言一样，真的成功了。几年后，“莱恩乳猪香肠”真的成了每个家庭中不可缺少的一部分。

一想到躺在床上也能成为百万富翁，他高兴极了，起码自己还是一个有用处的人。再后来，他开始把自己的经历写下来，给那些因身体残障而绝望的病人。他这样写道，如果人生给我们出了一道难题，那同时也会交给我们处理难题的能力。每当处理一些难题的时候，那我们处理难题的能力就会增加一些。

他说得很有道理，一个人的身体残疾不是最可怕的，可怕的是面对难题选择退缩。只要我们能有一颗健康的心态，自然就会治疗自己的“心病”。

试想一下，如果莱恩无法接受自己身体垮了的事实，或者不肯接受治疗，那结果会是怎样的？那么，他就不会再用心去工作，不会去研究香肠，更不会成为百万富翁。

他的故事不仅是对“自我疗伤”的解读，也是对我们的警醒。

在生活中，谁还不会遇到一点儿苦痛吗？除了生命的无常，还有很多的无常。比如：在生命中，终将会错过一些人，此时不要失望，不要伤心，更不要无法接受他们的离去。而是要感谢离去的人，是他们让我们明白了幸福的珍贵，明白情谊的可贵。

生命就像是一个疗伤的过程，我们受伤，痊愈，再受伤，再痊愈。每一次的痊愈好像都是为了迎接下一次的受伤，然后在不断的受伤与愈合中，学会成长。

生命就是一个疗伤的过程，它让我们从不懂事变懂事，从软弱变坚强。无论你今天遇到的是哪种问题，你都会从伤痛中走出来，治愈自己。这个疗伤的过程，更是一个成长的过程。

此外，我们还需要注意一点：千万不要把“疗伤”依附在别人身上，因为有些事情就得自己去消化。如果你对他人的要求太高或期望值太高，那有可能是另外一种伤痛。就比如：当你受伤害或遇到挫折时，就去向别人倾诉，甚至希望别人能帮你解决问题。可是，每个人都有自己的生活，不是所有人都愿意当你的听众，不是所有人都愿意当你的观众，不是所有人都愿意为你的人生买单。当你知道了这个结果时，难免会更难过，此时你的伤痛就是“雪上加霜”了。

为了避免这样的情况出现，你就要明白：能帮你的只有自己，能治疗自己心伤的只有自己。不要担心，更不要害怕，时间会治疗一切的。

别在
吃苦的年纪
选择安逸

第十章

安全感，从来只有自己才给得了

只有放慢脚步，我们才会看到沿途的风景，

而不仅仅是低头奔向一个未知的目的地——而这，才是生活的真谛。

每个人心里都住着一个小孩

我特别喜欢看动画片，最喜欢宫崎骏的电影，以及《海贼王》《火影》《灌篮高手》等。电影《哆啦 A 梦：伴我同行》，更是勾起了我儿时的回忆。有不少人在朋友圈发关于大雄和哆啦 A 梦的消息，甚至把头像换成了哆啦 A 梦，其实，在我很小的时候，它的名字还叫小叮当。

有人说，哆啦 A 梦变了，不再是儿时的模样，也有人看着看着就哭了，因为我们也不再是儿时的模样。实际上，电影的情节是什么已经不重要了，重要的是我们那段纯真时光以及时光中的自己。

有人总问我："你都那么大了，为什么还看动画片？"

我笑着说："因为我还是个孩子啊。"

我的心中还住着一个小孩。准确地说，每个人的心中都住着一个孩子。TA 就藏在你的心中或身边。无论你是不是能看到 TA、关注 TA，TA 都如影随形地跟着你、提醒你，就像一个哆啦

A梦一样。TA有时天真可爱，有时脆弱敏感，有时也会影响着你的工作或生活。

也许，你会问我“心里的小孩”就是一个人最真实的自己，是那个没有长大的一小部分自己吗？

无论用什么理论解读，用哪种言语表达，TA都真实地存在着，并且对我们不离不弃。

一位童子在老禅师身边修行，不过老禅师什么都不教他，只是让他“自行成长”。

一天，寺庙里来了一个行脚僧，这个行脚僧见童子无学，就教导他各种礼仪。到了晚上，童子看见老禅师从外面回来，立即向前去礼貌地打招呼。

老禅师大吃一惊，就问童子：“是谁教你这些的？”

童子笑着说：“是那位行脚高僧教我的。”

老禅师听后，很是生气，立即去了行脚僧的房间，问道：“阁下到底是什么心行？这童子在我身边几年了，可爱又不失赤子之心，是谁要你教坏他的？你快快收拾行囊，离开这里！”

结果，在那天晚上，行脚僧就被赶出了寺院。

善道禅师曾经说过：小孩出生的时候，没有任何的见解，那时的孩子懂得什么经？懂得什么道理？等他长大以后，就懂得各种人情世故了。与此同时，他会慢慢失去童真，成为一个普通的大人。

这就是为什么，人们一边在世俗的眼光中生存，争取变得跟别人“一样”，在上学的年纪上学，在工作的时候工作，在步入婚姻的时候选择步入婚姻。偶尔，人们还希望能够有自己的空间，享受独处，想让自己变得简单一点儿。

生活中，有不少人喜欢跟孩子待在一起，因为孩子是最纯真的，不会像成人思考问题，更不会有那么多的烦恼，只要你稍微一逗他，他就开心得手舞足蹈，甚至在原地转圈圈。但如果是一个大人像孩子一样因为高兴就手舞足蹈，甚至原地转圈，那周围的人一定会用异样的眼光去看待的。

我们在欣赏孩子的时候，其实也在欣赏自己的“真”和保护自己的“真”。

著名小说家陀斯妥耶夫斯曾经说过：“和小孩在一起，可以拯救你的灵魂。”也就是说，多花点时间和心中的小孩在一起，你就可以找回属于自己的真，拯救自己的灵魂。

在你闲暇的时候，是否曾尝试过回忆自己的童年以及那个年幼的自己？你是不是意识到自己的心里就住着一个小孩？

我一个朋友A，她特别喜欢大白兔奶糖。你会经常看到她的包里、桌子上，甚至是口袋里都装着一颗大白兔奶糖。其实，她也不是真的很喜欢吃，而是大白兔奶糖在她的记忆中占据着很重要的位置。可以说，她的童年，最快乐的时光就是收到父母奖励的大白兔奶糖。

我一个朋友B，他特别喜欢去果园里采摘。据他说，小时候，最喜欢的就是几个小伙伴集结在一起，跑到苹果园里偷苹果。那种感觉，是年少时最激动人心，最美妙的时刻。他还说，不知道为什么，偷来的苹果特别好吃、香甜。长大后，他再也找不到那种感觉了，因为偷东西是犯法的。他也曾经想过，要不要去果园里偷苹果，但一想到这么大个人被抓到，实在是太丢人了。前几年，有一个小游戏叫偷菜，他乐在其中，每天定时定点去偷菜，那种感觉，是他儿时偷苹果的感觉。

我有一个朋友 C，很喜欢收集玩具，虽然他已不年轻。他说，在小的时候最大的乐趣就是玩玩具，各种各样的玩具。长大了，有了经济能力之后，更是喜欢收集、购买玩具了。不过，小时候是大家一起玩玩具，长大了是他一个人玩玩具，这多少有点儿落差感。

在他们的心中，都住着一个年幼时的自己。在不为人知的时候，他们就会把“我”放出来，让“我”可以肆无忌惮，可以毫不顾忌别人的感受。我知道，每一个人都有着自己的小秘密，有的愿意跟别人分享，有的不愿意跟别人分享。

如今的你，不管年纪有多大，心里一定都有着自己的“小孩”。在很多时候，你的幸福程度，取决于“小孩”对幸福的认知程度。所以说，好好爱自己的“小孩”吧。

安全感只能自己给自己

几乎每个人都说过关于安全感的问题。比如，跟 TA 在一起没有安全感；独自做某件事没有安全感等。安全感是那么重要，甚至可以用来衡量一个男人值不值得托付终身。

在诸多人的口中，我们的安全感必须是依附在别人身上的，只有另外一个人才能让自己有安全感，这就像深夜去洗手间都不敢一个人去，非得需要人陪才行。

其实，安全感并不是来自于别人，而是来自于自己。

在我们关注八卦新闻的同时，一定也听过不少明星的感情经历。我之所以会说起下面这个故事，是因为这个故事能够让我们明白什么叫安全感。

马苏，一名影视演员，出演过《北京青年》《我的功夫女友》《夏日里的春天》等。我知道她时，她的头衔是孔令辉女友。

他们恋爱 11 年，最终还是选择了分手。分手的原因是什么，外人不得而知，但他们之间流传着一个这样的故事。

有一天，马苏和孔令辉吵架，激动之时，孔令辉说了一句，你滚！

马苏拎着自己的行李，立即离开他的家。她是东北姑娘，本身就带有一种倔强。摔门而去后，她忽然意识到一个问题：自己没有地方可去。

她不好意思给朋友打电话，就在附近找了一家宾馆住了下来。从那以后，她就意识到：一个女人，不管结婚没结婚，一定要有一个自己的地盘，没人敢说三道四的地方。

北京东四环观湖国际开盘时，马苏看中了一套179平方米的3室2厅的房子，价格是300万元。她把自己所有的积蓄拿出来，也只够付首付的。她心甘情愿地签了合同，付了首付，还要还月供，每月近2万元。

当时的马苏并没有多大的名气，片酬也不高，一部戏下来，除去月供，她就剩不下多少钱了。

于是，买下这套房子后一直闲置着，前前后后用了6年的时间，她才真正住到属于自己的家。

即便再困难，她也没有向孔令辉张过嘴。孔令辉说可以帮助她时，她毅然拒绝。

在属于她的领地，有着属于自己的梦和物品，她不愿意被别人触碰。因为穷，她买家具或物品，都是一点点买的。有记者评价她的装修经历，像是蚂蚁搬家。看到这里时，我看到了一个女人的尊严。

有了自己的根据地后，她的身上就多了一份自信。她的所得，没有靠任何人，都是自己辛苦赚来的。这个房子完完全全属于她自己。任何人也没理由，也不敢对自己说一句滚。而自己，再也不会无家可归。

很难想象，一个女人能为一个家筹备6年。更难以想象，在明明可以接受帮助的情况下，她选择了拒绝。

我知道，这就是一个女人的尊严，更是一个女人给自己的安全感，一种心的归属。即便他们最后分开了，她也能骄傲地说一句：我没靠过他。

无独有偶，伊能静也是这样的一个女子，同样地外柔内刚，同样地有独立的自我。在一次访谈节目里，她曾经提到过，在与哈林还生活在一起的时候，她在家附近买了一套房子，每次跟哈林发生矛盾的时候，她就会选择离开，到属于自己的家住上几天，等调整好心情了再回到属于她和丈夫共同的家里。当然，再回去后，就是满面笑容如初，就像什么都没有发生过一样。

在她们两个人身上，都能看出：真正的安全感，是来源于自己。真正的归属感，在于自己的内心深处，比如：对人或事的心态。

在生活中，当我们口口声声说“安全感”的时候，其实是一种自私，也是一种对他人的“无形绑架”。不论男人女人，安全感不会靠一个人的外貌、社会地位等来获取的。一个贫困潦倒的人，也许他很有安全感，而一个不愁吃喝的富人，不一定就有安全感。

那么，安全感来自哪里呢？

我可以肯定地告诉你，安全感来自于一个人的自信。举个例子：当你去一个陌生的地方，一定会有所担心，因为未知，所以恐惧。可如果你在去陌生地方前，了解了当地的气候，了解到当地的风俗习惯，了解好交通路线，你还会恐惧吗？当然不会！因为你对一切了如指掌了。当你要去找客户谈生意，因为害怕做不好，就担心不已。可一旦有了自信心，那你就会思维清晰，说话有条理，并且给对方营造一种可信任的气氛，那客户还会给你打问号吗？

不管怎么样，不要把安全感寄托在别人身上，这是很愚蠢的，一旦别人离开，那你立即就会陷入一种恐慌的状态。所以，我们还是应该从自己身上找安全感，让自己的内心强大一点儿，自信一点儿。当遇到任何难题时，你也能自如应付；当遇到挫折时，你能潇洒面对。

如果你还是没有安全感，我教你个方法，不断地给自己心理暗示，比如，“我可以”“我能行”“我不怕”等。世界就是这么奇妙，你整天想什么，那你的所想就很有可能成真。你认为自己没有安全感，那你就真的越来越没有安全感，变得胆小、懦弱、喜欢依赖别人。相反，如果你认为自己可以有安全感，或一直给自己创造安全感，那你的内心就会变得越来越强大，人越来越自信。

靠山山倒，靠人人倒，靠自己最好

哭的时候没人哄，于是学会了坚强；怕的时候没人陪，于是学会了勇敢；烦的时候没人问，于是学会了承受；累的时候没人可以依靠，于是学会了自立。假如人生是一条小溪，那么自立就是冲击巨石的激流；假如人生是一条路，那么自立就是斩断路上荆棘的镰刀；假如人生是一条航道，那么自立就是带领你乘风破浪的船。

有一个可怜的小男孩，虽然很爱学习，可惜家里没钱让他上学，他只好在别的小朋友上课的时候，站在教室外面的窗户底下听课。他就这样在孤苦无望中度过了自己的童年和少年。等到长大成人时，他便决定去城里打工挣钱。

他背上行囊，孤身一人来到他向往已久的城市，准备找一份工作让自己安顿下来，可是，因为他没有文凭，城里没一个人看得起他，更不可能给他提供一份谋生的工作了，这让他很伤心，在痛定思痛后，他决定离开城市，回到农村老家，去农场打工。

他是一个不服输的青年，他真的舍不得离开这个曾经伤害他却让他流连忘返的大都市。于是，他决定破釜沉舟，在即将离开那座城市时，给当时很有名的银行家罗斯写了一封信，希望能得到他的帮助。

他在信里叙述了自己这么多年来的不幸，以及在这座城市闯荡过程中的种种心酸和遭遇，抱怨命运对他是如此不公，让他一无所有。他在信上写了这样一段话：“尊敬的罗斯先生，我久仰您的大名，知道您是一位能力非凡的银行家，所以今日冒昧地给您写这封信，是想得到您的鼓励和帮助，如果您能借一点钱给我，我会先去上学，然后再找一份好工作。另外，我还希望您给我一封回信，我期待着您的鼓舞。”

他在一个贫民窟的地下旅馆里住下后，自己用旧纸糊了一个信封，并在信封上写上了罗斯的银行地址和自己居住的地下旅馆的地址，然后将信寄出去了。他没有立刻回乡下，而是选择等待，因为他要等待罗斯先生的回信，这是他留在这座城市的最后希望。

几天过去了，他用尽了身上的最后一分钱，却没有等来罗斯的回信与赞助金，只好将行李打好了包，准备离去。就在这时，他收到了银行家罗斯写来的信，这让他欣喜若狂，赶忙打开信封，急切地阅读信上的内容：

哈特先生：

你好！

很高兴收到你的来信，但我对于你的故事，不想发表自己的看法！因为我没有泛滥的同情之心，也没有多余的金钱给你。我给你讲个故事吧！

在浩瀚的海洋里生活着很多鱼，那些鱼都有鱼鳔，但是唯独鲨鱼没有鱼鳔。没有鱼鳔的鲨鱼照理来说是不可能活下去的。

因为它行动极为不便，很容易沉入水底，在海洋里只要一停下来就有可能丧生。为了生存，鲨鱼拥有了强健的体魄，成了同类中最凶猛的鱼。

最后，我想提醒你一下：这个城市就是一个浩瀚的海洋，拥有文凭的人很多，但成功的人很少。你现在就是一条没有鱼鳔的鱼，具体你该怎么做，你真的不该来问我，好好干吧，年轻人，我祝福你！

那晚，哈特躺在床上辗转反侧，久久不能入睡，一直在想着罗斯的信。突然，他改变了决定。

第二天，他跟旅馆的老板说："只要给我一碗饭吃，给我一张床睡觉，我可以留下来当服务生，一分钱工资都不要。"

旅馆老板一听，世上哪有这么便宜的劳动力，简直是赚大发了！于是，他很高兴地留下了哈特。

哈特在解决了安身之处之后，便开始了艰难的奋斗历程。功夫不负有心人，10 年后，他拥有了令全美国羡慕的财富，得到了银行家罗斯的赏识，并且有幸成了罗斯的女婿。

最后，他成了闻名天下的石油大王。

每个人有一天都会离开父母的臂膀，如果你不自立自强，你就会被微小的浪涛所淹没，被细微的险阻所挡住。靠山山倒，靠人人倒，靠自己最好！动心忍性，增益其所不能！自立是立身之本，唯有自立，小小的树苗才能成为参天的大树，弱马驹才能成为千里马，也唯有自立，一个人才能茁壮成长。让我们学会自强自立吧，学会坚强，努力奋斗，相信有一天成功的花是为我们绽放的！

感情既是铠甲，亦是软肋

忘记从哪里听过“感情既是铠甲，亦是软肋”这句话，但这句话让我感触颇多。无论是亲情，友情，还是爱情，都是这种感觉。当我们需要有人陪伴或需要有人来支持的时候，它们就是我们最强大的后盾，是让我们无坚不摧的“铠甲”。而当它们遇到了一些难题或困难时，无论你在哪里，离它们有多远，心都会被它们牵动着。

当然，这三者中，最让我感慨的还是爱情。

安，日语系的一个女孩，住在我们宿舍楼下。毕业以后，她在同公司遇到了一个东北男孩。男孩长相一般，个子也不高，唯独把她当回事，对她好。

没多久，两个人就同居了。男孩从来没有要求过她会做饭，从来没要求她为自己洗过一件衣服。可以说，他对她就没要求。每天下班之后，他都会为她准备好晚餐。每天上班之前，他都会做好早餐。如果哪天他休假了，还会准时去公司接她。下雨时，他会把伞多移到她那边。即使每个月赚不了多少钱，他也会在各大节日给她一些惊喜。

她总说，她是要嫁给他的，就为了这个人。

可惜的是，两个人恋爱2年多的时候，男孩被查出了尿毒症。这个消息，就像是一个晴天霹雳。当时她还不太懂尿毒症的可怕，直到开始做血液净化，吃药的时候，每个月的药费是一万多，虽然公司给报销一部分，但每个月还得拿出几千块。

生活给了他们致命的一击。

接着，又一个致命的打击来临了。

父母不同意安和男孩在一起了，他们不停地给她打电话，给她分析一些现实的问题，甚至拿相亲来逼迫她。

心爱的人生病了，她怎么能轻易离开。他对她那样好，对她照顾得无微不至，对她没有任何的要求。他的爱，就是她最大的动力，是她坚持往下走的信心，更是她面对一切苦难的铠甲。

在她的坚持下，他们又在一起度过了2年。直到有一天，他出现了一些病症，血管堵塞了，这可吓坏了她，赶紧拨打了急救中心的电话。

那天，是她最痛苦，也最清醒的日子。她第一次开始考虑，自己的付出到底值不值得。当然，她是爱他的，但是她已经28岁了。在这种满世界都在谈论婚姻，被无数次逼婚的情况下，她真的有些承受不住了。

后来，她准备坐下来跟他谈谈今后的路。她还没开口，男孩主动说不想连累她，希望她可以过自己的人生。他明白自己的情况，也知道她家人的态度。

他还没说完，她就哇哇大哭起来。这可是她的“铠甲”啊，现在竟然变成了她对现实服软的“软肋”。

这次谈心后，他们开始各自收拾行李，离开对方。那年冬天，她害怕他在火车上出什么意外，亲自送他回老家，再辗转火车，回到自己的家乡。

原本以为，他们就这样没交集了。可他们在公司低头不见抬头见，再加上多年的感情，她还是不忍心离开他。

这一次，是她想要为他做些什么。

为了拆散他们，安的父母从老家跑了过来，什么话都说了。安想要看着他好起来，可父母没有给她喘息的机会。

在他选择悄悄离去以后，父母强行将她带回老家。

据她后来说，那种痛跟死去一样。这辈子，都不想要去尝试了。至于那个男孩，我们谁也不敢再提起。

无论是她，还是我，抑或是其他人，都会有从“铠甲”变“软肋”的经历。就像爱情一样，刚开始都是甜蜜的，想要有未来的，可世事难料。今天口口声声说爱你的人，也许明天就会离你而去，甚至在背后伤害你；今天还跟你称兄道弟的人，也许明天就会不认你；今天还生命力蓬勃的亲人，也许明天就与你永世隔绝……

有人会说，“铠甲”与“软肋”的关系，都是因为“在乎一个人”而产生的，倘若没有在乎某个人，就不会有因这份在乎而带来所谓的软肋与铠甲。

话是这么说，可谁能做到？

谁能因为害怕受伤，就无视亲情、友情、爱情呢？有句话说得好：“痛并快乐着，感情也是如此。”

感情是一把双刃剑，可以帮助你的时候，也有可能伤害你。但大多数人，都会选择让自己有“软肋”。而这，不就是人的善良，不就是一种生活的体验吗？

慢慢来，学会放慢自己的心情

当对未知的结果充满着好奇和期待时，我们就只会急切地想知道结果，而在过程中毫无心情去欣赏沿途的风景。开车的朋友都知道，司机开车不要太快，因为开得太快，车很容易失控，失控就容易发生交通事故。生活亦是如此，快节奏的生活，繁忙的工作，常常让我们疲于奔命，不知不觉脾气变得暴躁、易怒。如果再去为心灵减压，人就很容易失控了，一旦失控，就会造成很悲惨的局面。

一味追求速度，想早一点儿到达目的地，却往往错过了沿途最美丽的风景。

据说，苏格拉底曾与人相约去爬山。那人一路赶来，气喘吁吁，姗姗来迟的苏格拉底便问："你来的路旁有什么吗？""我不清楚，我只顾向前。"那人沮丧极了。于是，苏格拉底便拍拍身上的尘埃，娓娓而谈："真是太遗憾了，我已经欣赏完了沿途的风光。"

苏格拉底的话看似平常，却蕴含了无限的道理。是啊，在朝目的前进的时候，请放慢你的脚步，去欣赏两边的风景，或许会有一番“惊喜”。

在生命的旅途上，到处有繁花似锦，到处是坎坷泥泞，也到处烽烟四起。忙碌成了生命的常态，也好像成了成功的代名词。像陀螺一样旋转着，在宴席、会场、酒桌上觥筹交错，在灌满耳膜的逢迎之声中扬扬自得，直到带着伤痛下场，直到年华老去，黯然离开。

有些人一生都在忙忙碌碌，到头来却不知道自己在忙什么。这样的人生注定是悲哀的。所谓的名利、金钱，到头来不过还是一场空，生不带来，死不带去。人来到这个世界上时，手是握着的，因为他想抓住这个世界；死去时，手却是松开的，什么都没带走，也什么都带不走。

为了追求我们心中所谓的幸福，我们这一路上从不敢停歇，生怕脚步一慢下来，幸福就会离我们十万八千里远。我们匆匆走过每一天，来不及欣赏我们每天生活的城市的美丽风景，甚至与家人待在一起的时间也越来越少，等到拥有了我们苦苦追求的一切时，却发现真正的幸福早已离我们远去。

我们该怎样去生活呢？不妨看看这篇《上帝给我一个任务》，你或许会有所启迪。

上帝给我一个任务，叫我牵一只蜗牛去散步。我不能走得太快，蜗牛已经尽力地爬，为何每次总是那么一点点？我催它，我唬它，我责备它，蜗牛则用抱歉的眼光看着我，仿佛说：“人家已经尽力了！”我拉它，扯它，甚至想踢它，蜗牛受了伤，它流着汗，喘着气往前爬，“上帝啊！为什么？”天上一片安静。好吧！松手了！反正上帝不管了，我还管什么？我苦恼着，任蜗牛往前爬，自己坐在后面生闷气。咦？我闻到花香，原来这边有个花园。我感到微风吹来，原来夜里的风这么温柔。慢着！我听到鸟声和虫鸣，我看到满天的星斗多亮丽。咦？以前怎么没有这种体会？我突然想起来，莫非是我搞错了？原来上帝叫蜗牛牵着我去散步！

是啊，只有放慢脚步，我们才会看到沿途的风景，而不仅仅是低头奔向一个未知的目的地——而这，才是生活的真谛。

我们每次送客人都要说“慢走”，慢表达了挽留之情，慢也表达了温馨的叮咛；看到别人做事，时常叮咛“慢点儿”，慢可以稳重，慢可以不出差错。当有人为事情着急时，我们的安慰是“别着急，慢慢来”，慢可以缓解紧张的情绪，慢可以开发智慧解决问题。朋友开车时，我们告诫他“慢点儿开”，慢意味着安全。无论做任何事，快意味着技术娴熟，快意味着精神高度集中，快意味着很难刹车，世间谁能做到永远高速运行？

看到以上的感慨，再回望自己的生活，不也是如此吗！放慢你的脚步，放慢你的心情，体会你的生活就是你要找的人生价值！让它填满你激昂的心情，去找寻自己想要的生活。

世界很精彩，不要为金钱所累

对于任何社会与个人，金钱都是非常重要的。我们要为社会奉献自己的人生价值，没有金钱作为物质基础是万万实现不了的。然而，金钱不是万能的。生活中，除了金钱，其实还有很多值得拥有的东西，但这些只有在你拥有一颗正常心去看待金钱时才能发现并感受到。

世界很精彩，不要为金钱所累，不要被金钱模糊了自己的视野，丧失了享受幸福人生的机会。

16 岁那年，他因为贫穷，不得不离开校园，开始在社会上闯荡。43 岁那年，他完成了人生的质变，从一无所有的穷小子变成了美国首富，建成了美国历史上第一个托拉斯。他就是赫赫有名的石油大王洛克菲勒，也是著名的铁公鸡，不但从来不捐一分钱，连朋友结婚，他也只送很廉价的礼物。

在洛克菲勒的事业达到高峰时，他的身体却突然垮了。那天，他突然晕倒，医生诊断出他患有心脑血管病和其他多种慢性疾病，他表面上看起来很强壮的身体，实际上非常虚弱，医生表示无药可救。

不过，洛克菲勒并不悲观，他继续活跃在工作岗位上，并因业务需要，带领随从们一起，踏上了一次非洲之旅，正是这次旅行，改变了他的一生。

在路上，他们的车陷入了泥坑中。洛克菲勒和当地的导游去寻找帮助。他们走进了附近的一个村庄。这里是沙漠里的一片绿洲。洛克菲勒发现那里的人都在休息。洛克菲勒表示，只要他们能帮他把车弄出来，就给他们很多钱。没想到，那些人拒绝了。导游将他们的话翻译给了洛克菲勒。原来，他们认为当时是冬天，所以不需要钱。洛克菲勒不明白冬天和钱有什么关系。导游解释说，这里的人信奉一年四季的规律。见洛克菲勒还不明白，导游就详细地讲解了这里的故事：

这里的人在生活上非常遵循大自然地规律。他们认为，既然庄稼是春种、夏耕、秋收、冬藏，那么人类也应该是这样。春天要开始种庄稼，做打猎的准备；夏天要维护庄稼、打猎；秋天开始收割庄稼，捕捉那些成熟的猎物；到了冬天，他们就不再出去干活了。他们只留够冬天吃的食物，剩下的都捐出去，捐给那些年纪大的和因疾病不能自食其力的人。他们整个冬天都如动物冬眠一样，待在家里不出去。

洛克菲勒有些鄙夷地说：“难怪他们不会成为富人。要做富人，一定要努力，要勤奋。无论是春天，还是冬天，都要辛勤工作。”导游将洛克菲勒的话翻译给了当地居民。当地居民也鄙夷地看了洛克菲勒一眼，说了一段话。导游告诉洛克菲勒，他们也为洛克菲勒不值。他们觉得他为了钱，违背了大自然地规律，放弃了很多体验自己人生的机会。他们的一生由很多个春夏秋冬组成，而洛克菲勒的一生只有一个春夏秋冬。他们还警告洛克菲勒，如果再不改变人生态度，恐怕连体验第二个春天的机会都没有。

洛克菲勒深受震撼，他回忆起自己的“四季”——童年的他，如同春天，一直在课余时间做点小工，赚点小钱，是人生的预备阶段；青年的他，如同夏天，他起早贪黑，白手起家，创立了石油公司；中年的他，如同秋天，硕果累累，成为了美国首富；现在，他就要进入冬天了吗？他还有机会看到第二个春天吗？

洛克菲勒返回美国后，做出了让所有人都大吃一惊的决定。他决定，以后每年至少捐出 100 万美元用于慈善事业。他先给非洲很多地区捐了款，接着又在世界范围内大量捐款，主要用于世界各地范围内的普及教育与保障医疗两个方面。从此，他收获了心灵的快乐。由于不用再煞费心机地想着如何赚钱，他睡得很香甜，身体也开始奇迹般地恢复健康。

洛克菲勒把自己对于一年四季的感受郑重地传给了儿子和孙子。他的儿子和孙子后来也都成为了著名的慈善家。

洛克菲勒最后活到了 98 岁，儿子和孙子也分别活了 87 岁和 95 岁，成为著名的长寿老人。

有的人认为只有金钱才能带给自己安全感，于是他们为金钱而活、为金钱而贪、为金钱而累，甚至丧失人性，只要能让自己的钱袋鼓起来，天下没有他不该或不敢做的事，到头来，既害了别人又害了自己。

如果我们的人生一帆风顺，我们无须走弯路去寻找生命的真谛，我们只要不远离生活中的真善美，不被金钱所奴役，那么安全感就属于我们。那颗不被铜臭玷污的心，与美丽的世界交相辉映，如天空明月一般晶莹剔透。

别在
吃苦的年纪
选择安逸

第十一章

留不住青春，却能做最好的自己

无论男人，还是女人，我们都要明白：

一个人活着的意义并不仅仅是寻找爱情，而是寻找最好的自己，

然后爱情不期而至。

遇到对的人之前，成为更好的自己

或许是受到电视剧和言情小说的影响，总觉得女人只有拥有一场足够轰轰烈烈的爱情才不枉此生。在我们的身边，经常会听到：男人一生中最重要的是事业，女人一生中最重要的是爱情。自然地，大多数女人都曾把爱情当作生命中最重要的事情，有的人甚至把寻找另一半当作一生的追求，她们认为，爱情就是全世界。

在我的少女时代，也是如此，所以在感情中磕磕绊绊了几年。直到看到《我是女王》这部小说，才发现：在这个世界上，不仅是我傻，傻的人还有很多。小说中的女主角安妮一度把爱情当成生命的全部，仿佛结婚生子就是自己的未来。为了守护自己的爱情，她无条件地支持男朋友的事业，放弃自己的爱好，甚至让自己的才华随着时间慢慢流逝，心甘情愿做一个默默无闻的，一个男人背后的女人。

可惜的是，她的付出、妥协，并没有给她带来一个好的结果。

8年过去了，男友要与她分手。原来，她在慢慢“丢掉”自己的同时，男友也在将她慢慢丢掉。

她把爱情看得太重了，用尽了自己全部的力气，用尽所有去赌博。失恋后，她无法走出悲痛。在很长的一段时间里，她都认为自己是个彻彻底底的失败者。尤其是，当得知与自己相恋8年的男友跟别的女人结婚时，她的失败感愈加强烈。

直到有一天，她遇到了马克。她问他：“我是不是很失败？”

马克摇了摇头，说：“不，你不是失败，你只是成功地走出了失败的爱情。”

这句话在安慰她的同时，也一下子就击中了我的心。是啊，当我失恋的时候不也是这样吗？当那个曾经整天对你说不完甜言蜜语的人消失了，仿佛从来没来过你的世界一样。那种空落落的感觉，那种睁开眼就像丢失了心一样的彷徨。做任何事情都提不起精神，甚至觉得生活无望。接着，你会抱有一丝的希望，渴望两个人有重新开始的可能。如果这个也破灭了，你会把全部的责任推到自己身上，认为是自己做得不够好，他才会离开……

其实，都不是的。我男友，不，现在是老公了。他平时特别喜欢给我灌迷汤，说我如何好，如何好，后来又说了句：还好，我懂你的好。这句话让我感触颇深。是啊，只有一个人能看到你的好，懂得你的好，珍惜你的好，你才是那个能幸福的人。相反，你再好，再懂得付出，可对方不稀罕，那你的好也一文不值。

或许是有过失败的经历，我开始害怕爱情，害怕走入婚姻，甚至害怕去认识陌生的人。有段时间，我告诉自己，动什么也不能动感情。不再轻易动心，不再轻易付出爱，以免最后伤痕累累。

可是，现在看到有人对一个在爱情里跌倒过的人说："你不是失败，你只是成功地走出了失败的爱情。"这种感觉，难以言喻，那是一种鼓励，一种安慰，也是一种祝福。

如今，我终于懂得了：一个人不爱你，并不说明你不好，只能说明你们不合适。他离开你，要庆幸，你们都没有在彼此身上浪费更多的时间。等你调整好状态后，你才有可能遇到对的人。

在对的时间遇见对的人，往往会成就一场幸福。《对的时间对的人》这本书的作者说过一句话："对的时间遇见对的人，不是强烈的动心，而是长久的安心。"

电影《我是女王》的导演伊能静也说过类似的话："爱上对的人，你不仅爱上他，也会爱上自己。"由此可见，"对的人"有多重要。也许有人要问了：我怎么才能找到对的人呢？我只能告诉你，只有在经历"错的人"之后，才会明白什么样的人对我们来说是"对的人"。

当然了，在这个"等待"的过程中，我们也要完善自己，成为最好的自己。这样，"对的人"才能更清晰地看到你是不是值得等待的人。

昨天没事刷微博，看到上面有这样的一句话：先成为最好的自己，再遇见最合适的那个人。最好的自己才会拥有最美的爱情。

当我把这句话转述给单身闺密听时，她皱着眉头说道："可是我没有办法成为最好的自己。"我问为什么？她列举了一大堆

“看上去也不是那么重要”的事情，比如：她的脸有点儿大，起码比其他女孩的脸看上去大了一圈儿；她的鼻子是圆鼻头，比起那些尖尖的小鼻子，她顿时没了自信；她的皮肤发黄，并且穿衣服不那么好看……

我哈哈大笑起来，在我的生活中，还没有遇到因为“脸大”“鼻子圆”“皮肤发黄”而被分手的例子。调侃她完后，我还是告诉她：你虽然没有一张小脸，但你有一个尖下巴；你虽然没有一个尖尖的小鼻子，但起码是纯天然；你虽然皮肤发黄，但都可以通过色彩搭配，展现出你不一样的气质……你善良、单纯，是朋友之间的开心果；你细心体贴，任何人跟你在一起都觉得踏实。

最后，我告诉她，失去爱情不可怕，可怕的是失去自我。同时，不要为了别人改变自己，只需要在自己原有的好上更完善，更好就好。

其实，无论男人，还是女人，我们都要明白：一个人活着的意义并不仅仅是寻找爱情，而是寻找最好的自己，然后爱情不期而至。

你想要的，只能自己去争取

T 小姐是公司新招聘的“储备干部”。在同期进入公司的女孩中，T 小姐很不起眼，以至于各个部门的负责人在挑人时，几乎没人注意她的存在。

T 小姐眼看着大家都有了自己的工作岗位，而自己却无人“认领”，有些着急了，就主动到其他部门推销自己。有个部门的负责人不好意思推辞，但又没有什么合适的岗位给她，就说：“你随便干点儿什么都行。”

T 小姐有些懵了，随便是什么意思，就是没有把她看在眼里的意思呗。为此，她还难过了好几天。她想：光傻坐着可不行，一定要做点儿成绩出来。经过一段时间观察，她发现各部门同事在工作忙的时候，中午没有时间吃饭，等忙完想去吃饭，饭店过了送餐时间，午休时间也到了。于是，大多数人都会选择饿肚子或者随便吃碗泡面。

每天快到饭点儿时，T 小姐就去各部门统计订餐的人数，给大家定制适合自己的饭菜。她的“订餐计划”很用心，也很成功，同事们都纷纷赞叹她真是一个好员工。不过，也有同事会笑她迂腐，干这种小活儿怎么会有成绩？

听到这话时，她总会一笑了之。慢慢地，这个“储备干部”就被大家记住了。自然地，T小姐成为最快转正的“新人”。

对于一个初入职场的新人来说，谁会给你“一鸣惊人”的机会？况且，机会没有固定模式。所以像T小姐这样有机会就抓住，这才是自己的本事。

转正不久，她被行政部看中，提拔为行政助理。升职以后，T小姐的工作性质不再是订餐那么简单，而是繁杂无序的工作。有些人不愿意做，拖着去做其他的事情，她都会全部包揽。心疼她的人会劝她：“别这么一根筋，就算你不做，也没人说你什么。”

她却说：“这些事都是我们部门的一部分，我先试试做，如果不行的话，再交给别人也一样。”由于她对这些工作不熟，经常出错，没少受到上司的批评，上司说她真是闲不住！所以，到处瞎揽活。

然而，T小姐却乐在其中。慢慢地，她对公司的任何小事、突发的事情都得心应手起来。公司这才发现，T小姐真是一个人才。没多久，公司把她提升为行政主管。

在一些公司，像T小姐这样的人大有人在。初入职场，唯一能做的就是让自己变得更好，拼尽全力去做自己能做的事情。在这些人眼里，他们认为：当大家都做一件事时，你的机会也许不多；当大家不去做那件事时，只要你做，机会肯定就是你的了。

所以，他们愿意去抓住有一丝可能性的机会。

同样地，在我的周围也有跟T小姐这样的人完全相反的人。他们想要的东西，要不就盲目去追寻，要不就不努力争取。

比如：方小姐，她厌倦了每天上下班这样两点一线的生活。每天一睁开眼睛，她就能看见一天的日子。她不止一次地告诉我，她想去追寻属于自己的东西。我问她，什么是你追求的东西。她说不知道。但是，这样的日子不是她喜欢的，也不是她愿意的。

终于，她辞去了现在的工作，开始风风火火的旅行。她朋友圈的潇洒言论，让我差点儿信以为真：只要去看看，那么一切都可以改变。再见，我那枯燥的日子。

一个月后，她回来了，对我说："其实，世界并没有那么好，我也没有找到自己追寻的东西。"接着，她删掉了那条朋友圈，又发布了一条信息：原来，旅行没办法改变你，就如同那间没有任何改变的破出租屋。

接着，她又开始寻找新的工作，并在顺利找到后，回归到了那枯燥的两点一线的生活。

我说这个故事，是想告诉大家：当你认为自己得不到自己想要的或者生活枯燥时，应该反思一下自己，是不是努力过，是不是拼搏过，是不是像T小姐那样"见缝就插"过？不是生活枯燥，也不是生活或工作无法改变，而是你不肯改变。总之，你想要的，只能靠自己去争取。

记得在大学时，选修过一门与心理学相关的课程。一次，老师在课堂上问大家："你的朋友总觉得自己的经历很坎坷，很不幸，心情十分低落，我们应该如何开导？”有个同学想了想说：“带她去看比她更不幸的人。”

我当时想，如果我的情绪很低落，别人再给我讲一下让人低落的事情，那我应该会更低落吧。后来老师说了些什么，我已经不记得了，因为我的思绪已经飘走。但我认为，解决问题的方法，应该是用积极的态度，让 TA 相信“一切都会过去”，告诉 TA“只要你做到，就能怎么怎么样”。应该去鼓励 TA，相信 TA，让 TA 相信自己。

在生活中，许多人总以为自己不幸，以为自己怀才不遇，一遇事就说社会不公平。与此同时，他们却不愿真正去看看周围，看看这个世界，看看那些比自己优秀的人，是怎么努力拼搏的。

很多人对这些嗤之以鼻，认为都是心灵鸡汤，毕竟成功的人生都是别人的。多年前，我也不信这些，总认为里面有很多水分，甚至是编者编造出来的。后来，我相信了努力的意义，我相信，只要你想要，就要去争取，也只能自己去争取。

所以说，当我们去抱怨什么时，不如想想：自己有没有努力争取过什么？自己有没有为这份工作付出过什么？当别人在灯下埋头苦读奋斗时，自己在做什么？

风不能把阳光打败，就像挫折无法摧毁一个坚强的人

在生活中，每个人都少不了要面对一些挫折，而挫折好像有点儿“恃强凌弱”。不过没关系，当我们跨过那道坎时，才发现挫折不过是一个“装神弄鬼”的小矮人，一点也不可怕。

当年，小于以 3 分之差没有考上理想中的大学，有些心灰意冷。拿到通知书的那一刻，他觉得人生都没有了意义。他认为，这简直就是上天给他开的最大的玩笑。

去另一所大学报到前，父亲找出一个空瓶，对他说：“如果这个瓶子就是你的人生，那么没有考上理想中的大学，你认为可以装多少酒合适？”

小于想了想，说：“能装半瓶吧。”

接着，父亲拿来一瓶酒，让他往空瓶子里倒，他毫不犹豫地将手中的酒倒掉一半。接着，父亲用蜡和木塞将瓶口封紧，并对他说：“等你认为挫折不影响你了，我再把这半瓶酒打开。”他点了点头。

到了这所大学以后，小于发现“没有考上理想中的大学”并没有那么糟糕。在这里，他遇到了志同道合的朋友，遇到了喜欢的姑娘，还非常喜欢调剂后的专业。此时，他开始庆幸自己来到这所大学。

等假期回家时，父亲拿出装了半瓶酒的酒瓶，问他：“现在，你的挫折过去了吗？”

小于有些不好意思地笑了笑，又点点头。接着，父亲把这半瓶酒匀进两个酒杯，和他对饮起来。

父亲一边和他喝着酒，一边笑着说：“现在，你是不是觉得当初把困难夸大了？其实那么点儿挫折，根本不值得一提。”

他不好意思地笑了，点点头说：“还真的是这样。”

大二那年，小于和喜欢的女孩分手，女孩喜欢上了别人。知道这个消息的时候，他非常难过，他想一定是自己不够好，她才会被别人抢走。接下来两个多月的时间，他都沉浸在被人抛弃的伤心之中，对外界的一切都不感兴趣。和他通电话时，父亲感受到他的情绪很低落，就问他发生了什么事情？他说没什么。在父亲的再三追问下，他把关于那个女孩的一切告诉了父亲。

父亲问：“我们接着做那个游戏？”他说好。

父亲问他：“那么，往空酒瓶里装多少酒合适？”

他想了想，说：“装 1/3。”

等过年回家后，他再一次和父亲对饮掉了那 1/3 的酒。

时间过得很快，他已经大学毕业了。当他褪去“大学生”这个光鲜亮丽的头衔后，一头扎进投简历、面试的汪洋大海中。

几次面试失败，他再一次陷入了痛苦中。

等他垂头丧气地回到家中，父亲又拿出了那个空酒瓶。他自嘲地笑了笑，自己已经长大了，不应该再把挫折看得太重要了。此时的挫折，在日后就是自己的人生经历啊。“也许，我真的不能把挫折看得太大，越是把它当成一回事，它反而越猖狂。”小于对父亲说。

一个月以后，小于顺利找到一份理想的工作。

再后来，小于已经不需要父亲往空酒瓶里倒酒了，但是心中的“空酒瓶”一直都在。在以后的工作中，他也遇到过各种各样的挫折，但他一次比一次看得开。

在现实生活中，每个人都像小于一样，会在学业、爱情、家庭、工作中遇到各种挫折，甚至难以从挫折中走出来。如果我们也能像小于一样，给自己一个“空酒瓶”，把挫折按人生的分量放进去，等过上一段时间再看，挫折的分量就会越来越轻了。

如果现在的你，失去了什么，不要萎靡不振，不要放弃自己，而是要乐观、积极地面对人生！

放眼当下，有多少英雄豪杰，有多少伟人都是通过战胜挫折才有了巨大的成就。比如，如果爱迪生在被打聋之后没有坚持实验，那还能发明电灯吗？如果王勃没有开阔的胸襟，能够写出“海内存知己，天涯若比邻”这样流传千古的名句吗？如果浪漫诗人李白在遭遇仕途不顺时，不能够坦然面对的话，还能写出浪漫的诗篇，与别人饮酒作诗吗？

相反，刘备面对失去二位兄弟的挫折，做出错误的决定，结果不但没有报兄弟之仇，反而让更多无辜的人丧命，自己也落得“白帝托孤”的结局。所以说，在面对挫折时，我们应该汲取古人的教训和经验。

总之，挫折是人生道路上必不可少的，也许少了它，人生就会变得无滋无味。还记得那句歌词吗？“阳光总在风雨后。”等挫折过去了，那时我们的人生就变得到处是阳光了。

不盲目和别人攀比

在日常生活中，最常见的一种现象莫过于攀比了，它存在于世界的每个角落。在很小的时候，与别人比成绩，比身高，比谁长得帅、长得美，比谁的字写得更好看；上了大学，与别人比学校的排名，比实习经历，比家境，比吃穿；等步入社会后，比职位高低，比工资多少，比能力强弱，比房子大小……

有人说，这种攀比的心理是虚荣。有人说，你说别人虚荣就是羡慕嫉妒恨。其实，虚荣也好，攀比也好，这是每个人多少都会有的心理。适当的攀比是鼓励自己努力的动力，而盲目的攀比就只能给自己带来麻烦。

不知从何时起，小王总喜欢和别人攀比，一旦看到别人比自己过得好，心里总是酸溜溜的。比如：同事花2000元买了一块手表，他马上花3000元买了一块更好的；同事买了一款新手机，他立马买了一款更贵的；表哥刚换了车，他也有些眼红，但经济条件又不允许。在很长的一段时间里，小王的情绪很低落，总是高兴不起来。

对于小王的这种心态，知名心理学家称：小王是“孔雀心理”在作祟。为什么是孔雀心理呢？心理学家解释道：孔雀为了向他人展示自己最美的一面，就会打开尾羽，尽管惊艳动人，却有炫耀之嫌。后来，人们经常用孔雀来形容争强好胜、喜欢攀比的人。

这类人希望通过在群体中的自我表现，获得好评。但如果过于醉心于攀比，那只会让自己陷入不停比较、争胜的境地，甚至为了满足自己的虚荣心而盲目攀比。

《牛津格言》这本书中有一句话是这样说的：“如果我们仅仅想获得幸福，那很容易实现。但我们希望比别人更幸福，就会感到很难实现，因为我们对于别人的幸福的想象总是超过实际情形。”

这就好比我们在抱怨，别人比自己有钱，比自己有权，比自己自由，还有一些人羡慕一些明星，只要一想到他们光鲜亮丽的外表或有些遥不可及的生活，就会垂涎三尺，然后痛苦不已，一次次问自己：为什么这些东西与自己无缘？

其实，无论什么职业，赚多少钱，也一定有着自己的烦恼。如果人人都去盲目攀比，都为了别人的人生所苦恼，那人生岂不是少了很多乐趣，少了很多阳光。

以前，特别喜欢漫画大师朱德庸说的一段话：“我相信，人和动物是一样的，每个人都有自己的天赋，比如老虎有锋利的牙齿，兔子有高超的奔跑、弹跳能力，所以它们能在大自然中生存下来。人们都希望成为老虎，但其中有很多人只能是兔子。我们为什么放着很优秀的兔子不当，而一定要当很烂的老虎呢？”

一个人的存在，总是有自己的意义。一个人的得到，总有自己的努力。即使你想要成为什么样子，我们也提倡：理性地比较，而不是盲目地比较。做人，可以不知足，但是不能盲目攀比。不然的话，就会失去自我和特色，给自己徒添烦恼。

某个星期一的早晨，万方公司的销售经理黄威向总经理提出辞职。黄威在公司才华出众、业绩超群，是多少人学习的楷模，总经理当然不愿意失去这样一位得力干将。为了挽留他，总经理不但主动给他加薪，还承诺在短期内给他升职。看总经理有如此大的诚意，原本想跳槽的黄威立即打消了念头。所谓做熟不做生，既然在这里有了一定的基础，那他当然愿意留下来，继续为公司服务。

没两天的工夫，人事部经理吕东风就知道了这个消息。当时，他在心里想：我也算是个不可或缺的部门经理，如果我也提出辞职的话，那总经理一定也会挽留我，给我升职加薪的。

经过一番的思想准备，吕东风一脸愁容地走进了总经理办公室。总经理问他有什么事？他支支吾吾的，最后说自己在公司待了这么多年，事业上一直没有什么大的气色，也许换个环境会更好。总经理正要说什么，他立即打断道：“我知道，人事部门是一个比较重要的部门，我的离开一定会给公司造成不小的影响。不过我已经决定辞职了。”

“那好吧！既然你去意已决，我也不好强人所难。在这里，我也只能祝你前程似锦了！对了，请你尽快补交一份辞呈给我。”

总经理爽快地说道。

吕东风简直不敢相信自己的耳朵，总经理竟然都没有挽留一下自己。虽然自己不是真心想辞职的，可这话已经说出来，又如何收场呢？

实际上，吕东风在业绩上一向是表现平平，他能在这个位置上坐那么久，完全是因为他比较老实，忠心耿耿。既然他有了二心，那公司也就不留他了。

故事中的吕东风原本是想像黄威那样，采取迂回的手段，赢得升职加薪的优厚待遇。可没想到，最终弄巧成拙，不仅没有升职加薪，还丢了自己原有的职位，真是赔了夫人又折兵啊！他之所以落得如此下场，一来是因为他的盲目攀比之心；二来是没有掂清自己的分量，没有给自己一个准确的定位。如果看不到这两点的话，那只能搬起石头砸自己的脚。

如果你也有“孔雀心理”的征兆，一定要给自己敲响一个警钟：首先做到客观评价自己，客观评价他人；其次，要有自信，看得到自己身上的优点和缺点，不要对自己期望过高；最后，要有合适的“参照人”，不要盲目攀比、横向攀比。只有这样，才能让自己对任何事保持一个平和的心态。

不自卑，静下心走自己的路

近日，一位称自己为“超大码”的英国姑娘在网络上蹿红。她蹿红的原因有些奇特，甚至有些意外。别人能够成为网红，不是因为惊为天人的脸蛋，就是因为一副魔鬼身材。而这位英国姑娘，却是因为一张肥胖的泳照。

这位英国姑娘叫杰西卡，如果没有在“脸谱”网上传了一张自己及友人在洛杉矶度假时拍摄的泳装照，她还不知道自己有这么多人欣赏自己的自嘲。照片中，杰西卡笑得很灿烂，虽然她的身上有成堆的脂肪，但这并不能阻挡她对生活的热爱，对自己的自信。在照片旁边，她还附言“这算不算勇敢”。

很快，这张泳装照收获了将近 6 万个赞，被网友转发超过 5 万次。

面对自己的意外走红，杰西卡这样说道：“有不少人夸赞我的勇气，他们说我没有掩盖身上这堆肉。我才没有想那么多，来到沙滩上，我只要放松心情，沐浴阳光就好。如果我在意别人的眼光，那我就不敢出门了。管它呢，我愿意开心一点儿。”

杰西卡说出这番话后，又赢得了一片掌声。网友们纷纷留言：“你看起来棒极了！享受你在沙滩上的时光，别在意他人说什么”“只要自己开心就好”“这不就是一个美丽又自信的女人吗”……

如果这件事放在我们的身边，那很快就会演绎成“丑人多作怪”，被评论的人也会被舆论的压力压得透不过气来。

当然，能像杰西卡这样自信、豁达的人，很少见，起码在我的周边，肥胖的人总是“异类”，他们不仅接受路人、亲人的质疑，甚至是婚姻、职场的质疑。当然，除了肥胖，还有很多方面都能引发一个人的自卑感，比如：外貌、性格、家境等。

L 刚从农村转学到城市，他勤奋好学，如果不是舅舅的赞助，他根本无法在城市生活，更别说在城市学习了。

他很勤奋、很憨厚，上课积极发言，班主任很喜欢这样爱学习的孩子。有一天，他的眼睛红红的，一看就是刚哭过。班主任觉得很奇怪，就问他，是被同学欺负了还是想家？

他摇晃着脑袋说没有。在班主任的再三询问下，他终于说出了心里话：这段时间在城里生活，感觉非常不适应，根本无法融入同学们的圈子。无论是从穿着上，还是知识面上，都感觉自己低人一等。最后，他还说，舅舅为了培养他，花了那么多钱让他来城里生活，恐怕，他要让舅舅失望了。

班主任已经明白他的意思了，原来他有点儿自卑。她很想告诉他，不要自卑，不要太在意别人的眼光，做好自己就行了。但他毕竟是孩子，班主任的安慰也许对他来说，一点儿作用都没有。

后来，班主任给他讲了苏珊的故事。

在英国一个小镇上，为了募捐，学校准备排练一部话剧，名字叫《圣诞前夜》。得知消息后，苏姗兴高采烈地去报名，她很想出演剧中的女儿。等到定角色的时候，老师说她的形象跟剧中的女儿不相符，要安排她出演其他角色。

苏珊期待着定角色那天，可没想到，老师分配给她的角色是一条狗。

“哇！我的角色是剧中的女儿。”

“哇，我也是里面的一个重要的角色啊。”

“苏珊，你的角色是什么呢？”

苏姗怎么也没想到，自己竟然演一条狗，这实在是太丢脸了！谁问她，她都不说话。回到家里，她不是抱怨牛排太咸，就是埋怨土豆太淡，搞得一家人都没了吃饭的好心情。吃完饭后，爸爸把苏姗叫到书房，和她谈了很久。第二天排练，那个快乐的苏姗又回来了，她不仅没有觉得演狗丢脸，还给自己准备了一对护膝，以便于更好地排练。

演出那天，苏姗穿着一套毛茸茸的道具，手脚并用地在台上爬来爬去，还不时伸个懒腰，晃晃脑袋，动作惟妙惟肖，吸引了不少观众的眼球。竟然能把没有一句台词的狗演得这么好，真是令人佩服。

L迫不及待地问班主任：“老师，苏珊的爸爸跟她说了些什么？”

“她爸爸说：‘如果你用演主角的态度去演一条狗，狗也会成为主角。’”说到这里，班主任又继续说：“命运赐予我们不同的角色，与其怨天尤人，还不如全力以赴，演好自己要扮演的角色，去证明自己。知道吗？再小的角色也有可能变成主角，哪怕你连一句台词也没有。”

L若有所思地点了点头，说：“老师，我知道了。”

在生活的舞台上，有很多像L这样的人，无法挑选自己的家境，无法决定出生在城市或是农村，这一切都没关系。只要我们有了把“狗”当成“主角”演的态度，那么人生即便不是那么完美，也能尽可能地靠近完美。

如果你也是一个自卑的人，不要害怕，在一定的程度上，自卑可以转化为前进的动力。当你把自卑化作了前进的动力，自卑又何尝不是一种自信呢？

为了能尽快让你摆脱自卑，我还有一些小方法呢，不如来尝试一下。比如，多跟人相处，多走进人群。心理学家认为，当人独处时，心理活动就会转向内部，朝向自我。也就是说，一个自卑的人越是活在自己的世界里，越不跟他人接触，那他的心理活动范围就会越来越小，随即忽略自己的优势，陷入深深的自卑之中。所以说，我们应该进行自我激励，多看看自己的长处，当我们的心理悄然变化时，就一定会为自己感到自豪的。

敬那些逝去的日子和逝去的人

年幼时，总觉得时间过得很慢，总在期盼自己快点长大，能够像大人一样做些小孩子不允许做的事情。每当看着比自己年长的人，都会不由得羡慕。长大了，自己挣钱了，就可以买自己想要的东西，可以有自己的思想，自己的主见，自己的生活。

可等到真的长大了，却发现生活根本和自己想象的不是一回事。这个社会发展得太快了，快得让人无法适应。

今天还和你谈天说地的朋友，明天就会离你而去；本来升职是板上钉钉，但不知道什么原因，升职落空了；口口声声说着和你天荒地老的爱人，在你毫无防备下，就消失不见；跟别人约好的事，临时却被放了鸽子……

在这个“长大”的过程中，我们得到着，失去着，努力着，妥协着。2013年的一部电影《致我们终将逝去的青春》，非常火爆，我坐在电影院里感受它讲述的故事，并联想起自己的过去。

我相信，在每一个人的青春里，都有着或悲痛、或幸福、或失落、或遗憾的日子。只是，它们都消失不见，只在我们的心里留下像照片一样的静止图片。

后来，我们开始想要挽留，不给自己留下什么遗憾，我们用尽全力抓住“人或事”的尾巴，可是还是没能抓住。

有人说，青春是什么，不就是在老年时有所回忆。有人说，过去的就让它过去吧，我们不用刻意去留它，潇洒一点儿，坦然一点儿。有人说，青春的日子，就是你人生中的过客，它的到来，只是告诉你“我来过”……

有时，我们会怀疑一些人或事的出现，也会痛恨一些人或事的出现，因为它们的出现，扰乱了自己的人生。可是，如果没有一些“人或事”的出现，那我们的人生不就少了些什么吗？

不管怎么样，我们都拽不住时间老人的尾巴，阻挡不了一些人或事的失去。虽然有句老话说：“有得必有失。”但人们依旧达不到这个境界，在得到的时候，就会兴奋不已，等到失去的时候，又唉声叹气。不管怎样，失去总是高兴不起来的。严重的话，还会茶饭不思，遭遇病痛的折磨。

此时，我很想说一句：坦然面对失去，胸襟就会更豁达一些，眼光更长远一些，这样才能集中精力做些更有意义的事。

在一趟飞速行驶的列车上，老人刚买的新手套不小心被刮走了一只。那副新手套是牛皮做的，很是精致，上面还印有自己的名字和对自己的祝福。那副手套，是女儿为自己定制的。当其他人为他感到可惜时，老人毅然把另外一只也扔到了窗外。

周围人惊叫道：“你疯了吗？”

“天啊，真是可惜了那副手套了。”

老人笑了笑，说：“无论手套多么昂贵，多么有纪念价值，但它只剩下一只了。一只手套对我来说有什么意义呢？我把它扔掉，那捡到手套的人不就有一双了吗？”

此时，众人才点头称赞。

老人看似异于常人的举动，不仅体现出自己清醒的价值判断，还体现出自己豁达的心态。而生活中的我们，不正是缺少这种豁达的心态吗？当我们失去的时候，总是不愿接受现实，会尝试各种方法去挽留，无论是情感，还是事业，我们都想将其牢牢拽在自己手中。

可惜的是，生活中有太多不尽人意，有太多不稳定因素，有太多悲欢离合了。这就好像是一个衣柜，里面堆满了各种东西，当我们再购买东西时，衣柜里已经没了位置。而我们要做的，就是懂得取舍，清除掉不适合自己或已经不需要的东西。

做人不也是一样吗？只有把不好的情绪扔掉，调整不好的心态，我们的生活才能充满阳光。

至于逝去的人和事，我们就应该像那首歌唱的一样：

没有一点点防备

也没有一丝顾虑

你就这样出现在我的世界里

带给我惊喜情不自已

可是你偏又这样在我不知不觉中

悄悄地消失

从我的世界里

没有音讯剩下的只是回忆

你存在

我深深的脑海里

我的梦里，我的心里，我的歌声里

你存在

我深深的脑海里

……

不管昨天的你，今天的你遇到了什么，什么样的人和事离开了你，你都要明白：生活还在继续，你要为自己的未来做打算，而明天又将开始新的启程。